Noemi Harnickell

VERSTÖREND BETÖREND

Im Bann der Orchidee

HarperCollins

1. Auflage 2022
Originalausgabe

Gesetzt aus der Bembo
von GGP Media GmbH, Pößneck
Druck und Bindung von CPI books GmbH, Leck
Printed in Germany
ISBN 978-3-365-00014-4
www.harpercollins.de

Klimaneutral
Druckprodukt
ClimatePartner.com/15109-2009-1001

MIX
Papier
FSC FSC® C083411

Für meine wundervolle Mutter Dorothea Murri

»Wie das Pferd sagt:
›In Wahrheit haben wir alle Flügel.‹«
Charlie Mackesy

INHALT

Prolog

DER FALL »ORCHIDEENWIESE«

Steffen Siefert, Leiter der Inspektion für Organisierte Kriminalität bei der Kriminalpolizei Offenburg, staunte nicht schlecht, als eine Anzeige wegen Pflanzenraubs bei ihm einging. Dreitausend Orchideen waren aus dem Naturschutzgebiet Taubergießen in Südbaden verschwunden: ein Massaker aus aufgewühlter Erde, Löchern, Spatenspuren und abgezwackten Stängeln.

Anfang Mai 2019 waren einem Biologen bei einem Spaziergang Löcher im Boden der Orchideenwiesen, für die der Taubergießen bekannt ist, aufgefallen. Er ahnte sofort, was hier vorgefallen sein musste: professioneller Orchideenraub. Fünfzig Jahre, glaubte er, würden die Arten brauchen, um sich wieder zu erholen. Den Schaden schätzte er auf 250.000 Euro. Die Täter mussten augenscheinlich mit Gartenwerkzeug bewaffnet gewesen sein. Eine besonders schwere Umweltstraftat.

Die Abteilung der Offenburger Kriminalpolizei nannte den Fall »Orchideenwiese« und erhob die Funkzellendaten für den Tatort: kein Ergebnis. Stattdessen kamen über Nacht Hunderte neue Löcher dazu. Um so viele Orchideen in so kurzer Zeit auszugraben, musste die Bande aus mindestens zehn Personen bestehen. Vermutlich waren es Männer, dankbare Kleinkriminelle vielleicht, die von einem ehrgeizigen Orchideensammler angeheuert worden waren. Wer auch immer für den Raub verantwortlich war, arbeitete schnell und ohne Aufmerksamkeit zu erregen.

Sieferts Team stellte Wildkameras und Bewegungsmelder auf. Dann, in der Nacht vom 17. Mai, versteckten sich Siefert und seine Kollegen in einer Hütte am Rande des Naturschutzgebiets. Sie waren ausgerüstet mit Waffen und schusssicheren Westen und warteten darauf, dass die Orchideenräuber wieder zuschlugen.

***

In vielerlei Hinsicht erinnert mich die Sache mit den Orchideen an das Lied »Stand Up« von One Direction: »From the moment I met you, everything changed / I knew I had to get you, whatever the pain / I had to take you and make you mine« – »Von dem Moment an, als ich dich traf, wurde alles anders / Ich wusste, dass ich dich haben musste, egal wie weh es auch tut / Ich musste dich kriegen und mit dir zusammen sein.«

Viele Sammler beschreiben ihre Hingabe zu Orchideen als eine Art Liebe auf den ersten Blick, als würde es sich um eine Person und nicht um eine Pflanze handeln. So mancher scheut keine Mühe, um an besonders seltene Exemplare zu kommen. Dazu gehört, wie der Fall in Südbaden beweist, auch das großflächige Wildern in ihrem natürlichen Lebensraum.

Es war diese Kriminalgeschichte, die mein Interesse an Orchideen weckte. Ich hatte diese Pflanzenfamilie bis dahin immer für langweilig und spießig gehalten – mit ihren perfekt geformten pastellfarbenen Blüten, die irgendwie aussahen, als wären sie aus Plastik. Es waren Blumen, die bei meiner Oma im Wohnzimmer standen und die für mich Harmlosigkeit und ein geregeltes, unaufgeregtes Leben symbolisierten, nicht jedoch Kriminalität, Drogen oder Sex.

Wie sehr ich mich täuschte.

Im Jahr 2020 lebte ich in Reutlingen, der neuntgrößten Stadt in Baden-Württemberg. In meiner Straße standen hübsche Ein- und Mehrfamilienhäuser, zu deren Türen schmale gepflegte Kieswege führten. Fast in jedem dieser Häuser stand mindestens eine Orchidee in mindestens einem der Fenster. Aber ins Grübeln brachte mich die Shishalounge schräg gegenüber meiner Wohnung: In einem ihrer Fenster stand eine einzelne Orchidee. Was mich erstaunte, war keineswegs, dass die Blume nicht zu der Bar passte, sondern im Gegenteil, dass sie es tat! Die Orchidee bildete eine Schnittstelle zwischen den alteingesessenen Schwaben mit ihrer Kehrwoche und penibel gestutzten Gartenhecken und den Besuchern dieser leicht verrauchten dunklen Bar, die erst zum Leben erwachte, wenn die Lichter in den anderen Häusern bereits ausgegangen waren.

Die Orchidee in diesem Fenster war natürlich nicht gestohlen, sondern eine, wie ich heute weiß, ganz normale *Phalaenopsis*, die meistverkaufte Orchideengattung der Welt. 2020 machte diese Orchidee 34 Prozent aller in Deutschland verkauften Zimmerpflanzen aus.[1] Sie wird in den Niederlanden im großen Stil produziert und in unseren Supermärkten bereits für fünf Euro verkauft. Sie bestätigt das Vorurteil, das ich Orchideen gegenüber so lange hegte: Orchideen sehen alle gleich aus, und jede Exotik, die sie einst besessen haben mögen, ist ihnen im Zuge ihrer Massenproduktion abhandengekommen.

Die *Phalaenopsis* ist jedoch nur eine von etwa tausend Orchideengattungen mit insgesamt rund dreißigtausend verschiedenen Arten. Bis heute lässt sich die Zahl der Orchideen nicht genau definieren, weil dauernd neue entdeckt werden, etwa hoch oben auf Bäumen in tropischen Urwäldern oder in kaum begehbaren Sumpfgebieten. Und während Gattung und Art in der Hierarchie der biologischen Systematik eindeutig definiert sind – die Gattung steht unterhalb der Familie und über der Art –, ist dies in der Natur oft nicht ganz so eindeutig. Das Beschreiben von Pflanzen erfolgt nach strengem Protokoll in Herbarien; dazu müssen die Orchideen aus ihrem Lebensraum zur genauen Untersuchung entfernt werden. Das ist schwierig, wenn sie etwa in Naturschutzgebieten stehen, und noch schwieriger, wenn sie dazu über Landesgrenzen transportiert werden müssen. Die Familie der Orchidee ist nämlich streng geschützt.

Insgesamt gibt es aber ungefähr so viele Orchideenarten wie alle Vogel-, Säugetier- und Reptilienarten zusammen. Nicht mitgezählt sind Tausende weitere Arten, die noch nicht entdeckt wurden oder ausgestorben sind, bevor jemand die Gelegenheit hatte, sie zu beschreiben. Dazu kommen etwa hunderttausend Hybriden, die durch Kreuzungen gezüchtet worden sind.[2]

Und längst nicht alle Orchideen sind gleich. Manche Blüten sind so klein, dass man sie nur unter dem Mikroskop erkennen kann, während andere handflächengroß werden. Orchideen wachsen auf Bäumen, Felsen und unter der Erde, sie können jede erdenkliche Farbe und Form haben und nach Schokolade, Apfelstrudel oder nach Aas riechen.

Im Laufe meiner Recherche sprach ich mit vielen Sammlern und Züchtern, die meisten von ihnen Männer, die der

Orchidee regelrecht verfallen sind. Bereits Shakespeare verwendete Orchideen als Symbol für Weiblichkeit und Tod; ihre Blüten stehen seit dem griechischen Altertum immer wieder für Geschlechtlichkeit, sind Ausdrucksform von Homosexualität und gesellschaftlichem Wandel – von Frauenbewegungen bis hin zu den kolonialen Zusammenbrüchen.

Orchideen haben sich in fast jede Nische unseres Lebens geschlichen. Ob wir sie persönlich mögen oder nicht, sie sind zu einem Teil unserer Kultur geworden. Dieses Buch will deshalb eine Art Reiseführer sein in die Welt hinter den Wohnzimmergardinen. Es erzählt die Geschichte einer Pflanze, die so viel Normalität ausstrahlt, dass wir sie gar nicht mehr wahrnehmen. Aber die Welt, die sich in ihr verbirgt, ist voller Mythen, Traditionen und Nonsens.

Die Orchidee passt sich der Mode der Zeit an. Als vor hundert Jahren vor allem runde Frauenkörper dem gesellschaftlichen Schönheitsideal entsprachen, wurden auch Orchideen mit runden Blättern gezüchtet. Das entspricht keiner in der Natur vorkommenden Form. Runde Blüten wurden zu diesem Zweck immer weiter selektioniert und ausgezeichnet. Heute wiederum sind es schlanke, filigrane Blüten, die im Trend liegen.

Während sich die Kultur verändert, verändert sich auch unsere Wahrnehmung von Orchideen. Umgekehrt prägen Orchideen bis heute Kultur- und Naturwissenschaften. Die Grenzen zwischen Kultur und Natur verschwimmen, wenn es um Orchideen geht.

Orchideen werden oft als prestigeträchtige Objekte gehandelt. Das wurde mir überdeutlich bewusst, als ich im September 2020 – fast vier Monate nachdem ich zum ersten Mal von Orchideenwilderern und dem Fall »Orchideenwiese«

gehört hatte – ein Vereinstreffen der Deutschen Orchideen-Gesellschaft (D.O.G.) in der Nähe von Stuttgart besuchte. Fast vierzig Leute waren an diesem Freitagabend in der Denkendorfer Festhalle zusammengekommen und hatten ihre schönsten Orchideen mitgebracht, um sie von einer Jury bewerten zu lassen.

Die »Orchideenfreunde«, wie sich die baden-württembergische Ortsgruppe der D.O.G. nennt, treffen sich jeweils am zweiten Freitag des Monats. Sie saßen an langen Tischen, tranken Bier und aßen Spätzle – zu jedem guten Vereinstreffen gehört schließlich auch nahrhaftes Essen dazu. Am vorderen Ende des Raums saß ein sechsköpfiges Komitee über Bewertungsbögen gebeugt da. Neben ihnen stand ein Wäscheständer, an dem die zehn schönsten Orchideen mit Drähten aufgehängt waren. Jede Blume war mit einer Nummer versehen.

Plötzlich verstummten die lebhaften Gespräche, das Klirren von Besteck ebbte ab. Alle blickten gespannt nach vorne. Zwei Vertreter des Bewertungskomitees hielten die Orchideen nach und nach in die Höhe und zeichneten sie aus. Silber für eine besonders gesunde Wurzel, Bronze für eine gelungene Hybride, noch mal Silber für eine prächtige Blüte. Und dann: Gold.

Gold für eine fünfundzwanzigjährige Orchidee mit Hunderten winzigen gelben Blüten. Sie war mit Draht auf ein Brett gebunden und glich eher einem hübschen Gebüsch als der langweiligen Pflanze auf den Fensterbänken.

»Es beginnt immer mit einer einzigen Orchidee«, raunte mir mein Tischnachbar zu. »Inzwischen«, fuhr er fort, »geht mir in der Wohnung der Platz aus. Glauben Sie mir: Auch Sie werden noch süchtig!«

Ich lachte. Noch nie, dachte ich, war ich weiter davon entfernt, von etwas süchtig zu werden. Aber auf eine skurrile Art und Weise sollte der Mann recht behalten.

***

Während Steffen Siefert einer der ersten und wenigen deutschen Kriminalpolizisten ist, die sich intensiv mit dem Wildern von Orchideen beschäftigt haben, ist das Thema in Film und Fernsehen schon lange breit vertreten. Im Konstanzer Tatort »Der Name der Orchidee« von 2005 wird eine Leiche im Gewächshaus gefunden, die wertvollste Orchidee ist verschwunden. Und eine Art *real crime*, vergleichbar mit den Ereignissen im Taubergießen, ist Susan Orleans 1998 erschienene Reportage »The Orchid Thief«. Das Buch wurde zum Bestseller und 2002 unter dem Titel »Adaption« mit Nicolas Cage, Chris Cooper und Meryl Streep in den Hauptrollen verfilmt.

Die Jagd auf Orchideen ist nichts Neues. Schon im neunzehnten und zwanzigsten Jahrhundert waren sie beliebte Luxusgüter, die in großen Mengen aus den Kolonien über lange Seewege nach Europa gebracht wurden. Ihr Wert steigerte sich durch die Tatsache, dass viele der Pflanzen die lange Überfahrt nicht überstanden und in Europa nur mühsam – wenn überhaupt – zum Blühen gebracht werden konnten.

Die europäischen Sammler reisten selten selbst in die fernen Länder, um die Orchideen aufzuspüren. Stattdessen bezahlten sie professionelle Orchideenjäger, die sie in die Tropen schickten. Seltene Orchideen zu besitzen war Statussymbol, Indiz dafür, dass ein Sammler über genügend

Reichtum verfügte, jemanden zu bezahlen, der für die Blumen sein Leben riskierte.

Zu der Ausstattung gehörte, wie der Brite Albert Millican 1891 in seinen Memoiren *Travels and Adventures of an Orchid Hunter* festhielt, Messer, Entersäbel, Revolver, Pistolen und ein »überquellender Vorrat an Tabak«.

Die Orchideenjäger waren tropischen Krankheiten, wilden Tieren und der Konkurrenz anderer Jäger ausgesetzt, und die Erzählungen ihrer Abenteuer, die nach Europa gelangten, waren meistens haarsträubend und dramatisch. Eine gern erzählte Geschichte ist jene der acht Orchideenjäger, die 1901 auf eine Expedition auf die Philippinen geschickt wurden. Binnen eines Monats soll einer von ihnen von einem Tiger gefressen, ein anderer mit Öl übergossen und verbrannt worden sein, und fünf verschwanden spurlos. Nur einer schaffte es angeblich unversehrt mit siebentausend – oder manchen Quellen zufolge sogar siebenundvierzigtausend! – Pflanzen aus dem Dschungel heraus.[3]

Bereits im neunzehnten Jahrhundert waren die Abenteuer der Orchideenjäger der Stoff moderner Märchen. Sie wurden in Zeitungen gedruckt und in Büchern publiziert, ähnlich den Berichten früher Antarktisforscher oder Afrikareisender. Die Europäer misstrauten den Einheimischen zwar zutiefst, aber sie waren auf billige Arbeitskräfte angewiesen, wenn es etwa darum ging, hohe Bäume zu fällen, auf denen die Orchideen wuchsen. Dazu kam, dass nur die Einheimischen sich in den dichten Wäldern zurechtfinden konnten.

Das Risiko, die Pflanzen bei der Überfahrt zu verlieren, war groß. Ein gängiges Sprichwort unter den Jägern soll besagt haben, dass eine wertvolle Pflanze gefunden und ausgegraben zu haben nur der erste Schritt sei, sie wirklich zu besitzen. Manche Jäger gingen sogar so weit, dass sie die Wälder, in denen sie die Orchideen gefunden hatten, anzündeten. So verhinderten sie, dass ein nächster Jäger die gleichen Blumen finden konnte. Je mehr Orchideen nämlich auf dem Markt waren, desto größer war der Preisverfall, und viele Arten starben aus, weil sie als so wertvoll galten.

Die Methoden des Sammelns mögen sich bis heute verändert haben, der Enthusiasmus der Orchideensammler jedoch ist gleich geblieben. Sammler und Züchter organisieren sich in nationalen Gesellschaften, lokalen Ortsgruppen und Internetforen. Ihnen geht es um mehr als die Ästhetik ihrer Wohnzimmerfenster: Es geht um das Erfolgserlebnis, eine besonders anspruchsvolle Blume zum Blühen zu bringen. Orchideen wachsen nämlich nur sehr langsam. Wer Hybriden züchtet, muss fast zwei Jahre warten, bevor er zum ersten Mal ihre Blüte sieht. Manche Orchideen blühen nur nachts, andere nur vormittags zwischen zehn und zwölf, die *Stanhopea* sogar nur wenige Tage im Jahr. Alle Orchideenarten sind weltweit unter dem Washingtoner Artenschutzübereinkommen von 1973 streng geschützt. Das bewahrt den Bestand zwar auf der einen Seite, erschwert es Sammlern aber andererseits, Orchideen aus entlegenen Orten einzuführen und zu katalogisieren. Es verhält sich mit den Pflanzen wie mit exotischen Tieren: Wo Sammler sind, ist auch ein Schwarzmarkt. Damit kehren wir nach Baden-Württemberg und in den Frühsommer 2020 zurück.

An einem Freitagvormittag im Juni erklärte sich Rainer Ganzner, ein Naturschutzwart aus der Nähe von Reutlingen, dazu bereit, mir die wilden Orchideen in der Gegend zu zeigen. Er führte mich auf eine Wiese auf dem Roßberg, dem höchsten Berg im Landkreis Reutlingen, und ich sah mich plötzlich umgeben von Tausenden lila blühenden Blumen. Es handelte sich um Mücken-Händelwurz, eine in Deutschland heimische Orchideenart. Ihre Blüten waren klein und wären mir unscheinbar vorgekommen, hätte ihre Farbe in der Sommersonne nicht so geleuchtet. Ein kleiner Trampelpfad führte durch das Blumenmeer, der, wie Ganzner entnervt erklärte, vermutlich durch Orchideenliebhaber entstanden war, die ihre Lieblingsblume nicht nur vom Wegrand aus betrachten wollten. Wir folgten dem Pfad ein paar Schritte in die Wiese hinein, als Ganzner ganz unvermittelt stehen blieb. Vor uns lagen zwei Erdlöcher, kreisrund und gute zwanzig Zentimeter tief. Ihre Ränder wirkten niedergetrampelt: Orchideenwilderer!

Da war sich Rainer Ganzner sicher.

Ich glaubte Spatenstiche erkennen zu können. Jemand musste die Pflanzen mitsamt den Wurzeln entfernt haben. »Im Internet werden wilde Orchideen für bis zu 80 Euro das Stück verkauft«, erklärte Ganzner. »Aus den Knollen wird dann ein Potenzgetränk gemacht. Salep heißt das, und dafür werden unsere Orchideen gewildert!«

Wahrscheinlicher ist, dass die Orchideen an Sammler gehen, die gerne einzigartige und im Handel nicht erhältliche Blumen in ihren Gewächshäusern haben wollen. Aber ganz unrecht hatte Rainer Ganzner dennoch nicht: Salep ist ein Milchgetränk aus dem östlichen Mittelmeerraum. Es wird aus dem Pulver gemahlener Orchideenknollen gewonnen und mit heißer Milch, Zimt, Ingwer und Zucker angerührt. In den Wintermonaten wird es an Straßenständen ausgeschenkt. Allein in der Türkei werden jedes Jahr schätzungsweise 30 Tonnen Knollen für die Produktion von Salep geerntet.[4] Wegen der hodenähnlichen Form der Knollen wird Salep traditionell eine aphrodisische Wirkung nachgesagt. Die Knollen sind auch die Namensgeber der Orchidee: »Orchidee« stammt vom altgriechischen *orkhis* und bedeutet »Hoden«. Salep gibt es auch in Deutschland zu kaufen, und er wird unter anderem sogar von Dr. Oetker mit künstlichen Orchideenaromen produziert. Weil wilde Orchideen schwer zu züchten und legal nicht zu kaufen sind, ist Rainer Ganzners These zwar naheliegend, dass sich die lokalen Salepproduzenten die Pflanzen auf illegale Weise beschaffen, allerdings sind mindestens tausend Knollen für ein einziges Kilo Saleppulver nötig. Die einzelnen Löcher auf der Schwäbischen Alb hätten nicht weit gereicht.

***

Und wie ging es mit der Orchideenräuberbande vom Taubergießen weiter?

Nach meinem Ausflug mit dem Naturschutzwart kontaktierte ich die Kriminalpolizei Offenburg, und ein paar Wochen später besuchte ich Steffen Siefert in seinem Büro. Siefert ist ein großer Mann um die vierzig mit blonden Locken und einem Mund, der immer zu einem Lächeln anzusetzen scheint. Aufregung schwang noch immer in seiner Stimme mit, als er von diesen zwei Wochen im Mai 2019 erzählte: Da lauerte sie also, eine Gruppe bewaffneter Kriminalpolizisten in einer leeren Hütte im Naturschutzgebiet, umgeben von tiefer Nacht. Um 4 Uhr früh zeichnete eine Wildkamera Bewegungen auf. Siefert spürte das Adrenalin, die Aufregung stieg. Es war so weit. Die Verfolgung konnte beginnen.

Die Beamten stürmten aus ihren Verstecken aufs Feld. Schon aus einiger Entfernung konnten sie die Täter hören.

Rascheln und Trippeln und Scharren. In der Dunkelheit erspähten sie die Schatten, und ein Verdacht wurde Gewissheit: Es waren Wildschweine.

Und die Spatenstiche? Siefert seufzte. »Wildschweine haben Eckzähne, mit denen sie die Löcher ausgehoben haben. Die Spuren könnten danach fast ebenso gut von einer Schaufel stammen.« Davor hatte es nach langer Trockenheit zum ersten Mal geregnet, die Erde war aufgelockert. Die Tiere hatten sich auf die Orchideen gestürzt, die Knollen gefressen und die Stängel am Tatort zurückgelassen.

»Wir hatten uns schon gewundert, wie Menschen das wohl angestellt hätten«, gestand Siefert. »So etwas im Dunkeln zu bewerkstelligen, das richtige Werkzeug dabeizuhaben und dann auch noch die richtigen Pflanzen zu erwischen – ganz zu schweigen davon, dass sie die Knollen offensichtlich noch am Tatort abtrennten. Was für ein Aufwand das gewesen wäre!« Zwei Wochen dauerten die Ermittlungen an: Zeugenaussagen, DNA-Tests an den ausgegrabenen Stängeln, bundesweite Berichterstattung in den Medien – dann ein Täter, der keiner ist. Für Siefert frustrierend, denn: »Ein Tier ist nicht haftbar, darum ist der Fall in den Polizeiakten offiziell als ungeklärt abgelegt. Ich hätte lieber jemanden angezeigt.«

Für mich war dieser verrückte Baden-Württemberger Krimi der endgültige Anstoß dazu, eingehender zu recherchieren. Ich beschloss, dass es für mich an der Zeit war, den Orchideen und ihrem Geheimnis auf den Grund zu gehen …

Erste Station

THESSALONIKI

Singe mir, oh Muse, von sexy Orchideen und den Männern, die sie beschreiben!

Der Glaube, dass Orchideenknollen eine aphrodisische Wirkung hätten, geht auf die Medizin und Pflanzenkunde im dritten Jahrhundert v. Chr. zurück. In jener Zeit war ein umfassendes Verständnis von Pflanzen als Heilmittel unabdingbar.

Der erste Europäer, der über die Funktion von Orchideen schrieb, war Theophrastos von Eresos (ca. 371 bis 287 v. Chr.), ein Schüler von Aristoteles. Theophrastos' *Naturgeschichte der Gewächse* ist das älteste noch erhaltene Kräuterbuch. Es bietet einen Einblick in das damalige europäische Wissen über die Pflanzenvielfalt und ihren Nutzen für den Menschen. Enthalten darin sind auch viele Informationen über Pflanzen aus Asien. Männer, die Alexander den Großen auf seinem Asienfeldzug begleitet hatten, brachten sie zurück nach Griechenland. Über die Orchideen schrieb Theophrastos:

»Neben der Beeinflussung von Gesundheit, Krankheit und Tod sagt man einigen Pflanzen weitere spezifische Wirkungen nach, physische und psychische. Erstens die physischen Wirkungen, womit ich die Begünstigung oder Hemmung der Fortpflanzung meine: Es gibt mindestens eine Pflanze, deren Wurzel beide Kräfte zugeschrieben werden. Das ist der sogenannte Salep, der eine doppelte Knolle hat, eine große und eine kleine. Die größere, in der Milch einer Bergziege gegeben, erzeugt mehr Kraft beim Geschlechtsverkehr; die kleinere hemmt und verhindert.«[1]

Neben diesem verfasste Theophrastos angeblich über zweihundert weitere Bücher, von denen nur ein Bruchteil erhalten geblieben ist, hauptsächlich Fragmente seiner botanischen Arbeiten. Sie sind es, die ihm den verdienten Titel des ersten Botanikers der Welt sicherten. Der Autor erkannte, dass sich Pflanzen in zwei bedeutende Kategorien teilen lassen: sogenannte Dikotylen und Monokotyledonen – zweikeimblättrige und einkeimblättrige Pflanzen. Bei den Dikotylen sind die Samen in zwei embryonalen Keimblättern eingeschlossen, während die Monokotyledonen nur ein Samenblatt haben. In diese Gruppe gehören die Orchideen.

Theophrastos beschrieb die Anatomie der Pflanzen und wo sie zu finden waren im Detail. Daneben erklärte er ihre medizinischen, kulinarischen und aphrodisischen Eigenschaften sowie die Bedingungen, unter denen sie gediehen. Das Besondere an seiner Arbeit ist, dass er die lebenden Dinge um ihrer selbst willen erforschte. Aus seinen Schriften geht hervor, dass er im Gegensatz zu seinen Zeitgenossen Pflanzen nicht nur als Mittel zum Zweck betrachtete. Er sagte den Orchideen eine potenzfördernde Wirkung nach, lange bevor die Blume überhaupt ihren heutigen Namen hatte. Und das Getränk, das er beschrieb, gibt es in wenig geänderter Form bis heute.

***

Konstantinos Traganitis ist Deutschgrieche und lebt in Thessaloniki. Ich finde ihn über eine Anzeige auf Ebay, wo er mit dem Verkauf von echtem Saleppulver wirbt. Traganitis heißt eigentlich anders, aber da er sich mit seinem Geschäft in einer rechtlichen Grauzone befindet, habe ich seinen Namen zu seinem Schutz geändert.

Es sei die Schönheit der Blume gewesen, erzählt mir Traganitis am Telefon, die ihm als Erstes aufgefallen sei. »Dieses Lila!«, sagt er immer wieder, die Stimme voll Begeisterung. »Diese Blume ist knalllila!«

Die Blüten seien ihm zum ersten Mal vor etwa fünfzehn Jahren beim Spaziergehen im Wald mit seiner Frau aufgefallen. Mit dem Bilderkennungstool GoogleLens fand Traganitis ihren Namen heraus: *Orchis mascula*. Männliches Knabenkraut. Aus seinen Knollen wird Saleppulver gemacht. Im Frühjahr steckt Traganitis das Gebiet der blühenden Orchideen ab. Nur so findet er sie im Herbst wieder. Salep wird aus den Knollen der verwelkten Pflanzen gemacht, die im Herbstwald nur noch schwer zu finden sind. Aber Traganitis kennt die Stellen, wo sie wachsen, kennt die Blätter der Orchis. Um halb 5 Uhr morgens zieht er im frühen September los, kleine Spaten im Gepäck. Seine Frau und seine Hunde begleiten ihn, manchmal auch die beiden Kinder. Gemeinsam graben sie die Orchideen aus und trennen die kleinere der beiden Knollen ab.

Eigentlich sind Orchideen unter der Convention on International Trade in Endangered Species of Wild Fauna and Flora (CITES), dem bereits erwähnten Washingtoner Artenschutzübereinkommen, geschützt. Der internationale Handel mit ihnen – oder auch mit bloßen Pflanzenteilen – ist nur unter strengen Auflagen erlaubt. Aber Traganitis hat keine Bedenken, mir das alles anzuvertrauen. »Die Förster wissen, was ich da mache, die drücken ein Auge zu. Schließlich bringt meine Arbeit der griechischen Wirtschaft etwas.« Eine Knolle lasse er dran und pflanze die Blume dann wieder ein. »Mir bringt das nichts, wenn die Orchideen nächstes Jahr nicht mehr wachsen.«

Die Pflanzen, erklärt er mir, wachsen nur in Symbiose mit einem Pilz, und das auch wiederum nur, wenn der Boden weder zu feucht noch zu fettig ist. Eine wilde Orchidee im eigenen Garten zum Blühen zu bringen, ist deshalb fast unmöglich. Aus einer einzigen Knolle gewinnt Traganitis höchstens drei Gramm Saleppulver, jedes Jahr sammelt er etwa vier Kilogramm Orchideenknollen ein. Neunzig Gramm Pulver kosten bei Traganitis 18,90 Euro. Zu seinen Kunden gehören neben Privatpersonen vor allem Lebensmittelhändler in ganz Europa, die den Salep mit Zimt, Ingwer und Zucker mischen und ihn als fertige Getränkemischung weiterverkaufen. Die Kunst des Salepbrauens hat Traganitis 2006 bei einem Mönch des Archangelosklosters gelernt. Er schält und kocht die Knollen auf, bis ihre ätherischen Öle auf dem Wasser schwimmen. Das ist wichtig, denn die *Orchis mascula* stinkt grauenhaft. Traganitis lässt die Knollen zwei Wochen in einem eigenen Raum trocknen, bis sie hart sind und er sie zu Pulver mahlen kann. Selbst dann ist der faule Geruch immer noch wahrzunehmen. »Deswegen mischen wir am Ende Zimt und Ingwerpulver dazu«, erklärt er. »Sonst schmeckt Salep wie Kuhdung!«

Salep sei auch heute noch ein Potenzmittel, meint Traganitis, als ich ihm von meinem Gespräch mit dem Reutlinger Naturschutzwart erzähle. »Aber das wissen die meisten Leute nicht mehr«, fügt er lamentierend hinzu. »Sie trinken ihn nur noch zum Genuss.« Als eine Art orientalischer Glühwein wird Salep im Herbst und Winter auch auf deutschen Märkten verkauft, zum Beispiel auf dem sonntäglichen Mauerparkflohmarkt in Berlin oder auf dem Weihnachtsmarkt in Hamburg-Altona.

Als ich nach meinem Gespräch mit Traganitis einen gehäuften Teelöffel voll Saleppulver in heiße Milch einrühre, wird die Masse sofort dickflüssig. Ich erinnere mich, dass mich Traganitis gewarnt hat, zu viel Pulver mache aus dem Getränk einen Pudding. Wie Mist schmeckt der Salep jedenfalls nicht. Eher nach Milchreis – mit sehr viel Zucker.

***

Die Orchidee wird bereits seit ihrer ersten Erwähnung in der westlichen Wissenschaft mit Sex in Verbindung gebracht. Nach Theophrastos schrieb auch der römische Gelehrte Gaius Plinius Secundus, meistens Plinius der Ältere genannt, in seiner *Naturgeschichte* über Orchideen. Er zitierte Theophrastos zu großen Teilen über ihre Wirkung und ergänzte dazu die besonderen Eigenschaften des Pyramiden-Hundswurz, einer in Griechenland heimischen Orchideenart: »Die Wurzel ist doppelt; der untere Teil, der auch der größere ist, fördert die Zeugung eines Mannes, der obere oder kleinere Teil die einer Frau.«[2]

Geschichten über die erotisierenden Kräfte der Orchideen waren in der Antike weit verbreitet und lokal gefärbt. So schrieb etwa der römische Arzt Dioskurides, ein Zeitgenosse von Plinius:

»Man sagt, wenn die größere Wurzel von Männern gegessen wird, macht sie ihre Nachkommen männlich, und die kleinere, die von Frauen gegessen wird, lässt sie Weibchen zeugen. Weiterhin wird erzählt, dass die Frauen in Thessalien sie mit Ziegenmilch zu trinken geben. Die zartere Wurzel wird gegeben, um Geschlechtskrankheiten zu fördern, und die trockene Wurzel, um Geschlechtskrankheiten zu unterdrücken und aufzulösen.«[3]

Die thessalischen Frauen galten ihrerzeit oft als Hexen. Es liegt insofern also nahe, dass sie Geschlechtskrankheiten sowohl verursachen als auch heilen konnten. Die Schriften von Theophrastos, Plinius und Dioskurides bildeten über Jahrtausende die Grundlage des westlichen Wissens über Orchideen. Der Nutzen einer Pflanze wurde lange Zeit von ihrem Aussehen abgeleitet. Das mag erklären, weshalb Orchideen in asiatischen Schriften zum Beispiel nie mit Sex in Verbindung gebracht wurden. Die meisten Orchideen außerhalb Europas haben filigrane Luftwurzeln anstelle von Knollen, womit die geschlechtliche Assoziation entfällt.

Wer sich einmal kurz und nur oberflächlich in die Kulturgeschichte der Orchideen einliest, wird in zahlreichen Büchern und im Internet unweigerlich auf den Mythos des tragischen Helden Orchis stoßen. Orchis, Sohn eines Satyrs und einer Nymphe, ist in der Erzählung ein junger Tunichtgut, dessen »ganzes Thun in Vergnügung seiner Begierde«[4] besteht. Er ist zwar mit der Waldnymphe Pornis liiert, verlässt sie und die gemeinsamen Kinder aber wegen einer anderen Frau. Bei einem Fest zu Ehren des Weingottes Bacchus vergreift er sich an einer der Priesterinnen und wird dafür auf der Stelle bestraft: Die Frauen auf dem Fest stürzen sich wütend auf ihn und reißen Orchis in Stücke, woraufhin die

Götter ihn schließlich in eine Blume verwandeln, die fortan seinen Namen trägt.

Dass diese Erzählung Teil der klassischen Mythensammlung ist, scheint auf den ersten Blick plausibel. Der Weingott Bacchus mit seinen Nymphen und lüsternen Satyrn wurde immer schon mit Gärten und Fruchtbarkeit in Verbindung gebracht. Zahlreiche klassische Friese und Gartenfresken machen das deutlich. Der Name von Orchis ist allerdings in keiner antiken Quelle zu finden. Überhaupt gibt es keine Hinweise darauf, dass die Geschichte vor 1704 in irgendeiner Form im Umlauf war. In Wahrheit stammt die Erzählung aus der Feder des französischen Autors Louis Liger, der sie 1704 in seinem Buch *Le Jardinier Fleuriste et Historiographe* (dt.: *Historischer und verständiger blumen-gärtner*) veröffentlichte. Darin erzählt Liger Mythen und Legenden über die Herkunft der Namen verschiedener beliebter Gartenblumen.

Zugleich hat die Erzählung von Orchis aber etwas durchaus vertraut Mythisches an sich. Sie basiert offensichtlich auf der Geschichte des Königs Pentheus von Theben, der bei einem dionysischen Fest einer Gruppe Frauen nachspioniert. Dafür wird er von ihnen, einschließlich seiner eigenen Mutter, in Stücke gerissen. Am eindrücklichsten erzählt die Geschichte der Dramatiker Euripides in seinem Stück *Die Bakchen*. Und dann ist da auch noch Orchis Frau, Pornis, die Waldnymphe. Die meisten in Griechenland heimischen Orchideen wachsen tatsächlich in Wäldern. Der Name Pornis geht auf die Wurzeln des griechischen Wortes *pornographos* zurück, was so viel wie »Darstellen von Prostituierten« bedeutet.[5]

Die Geschichte von Orchis erinnert außerdem an die Geschichte des Hyakinthos, dem Geliebten des Gottes Apollon.

Nach seinem Tod verwandelt ihn der trauernde Apollon in eine Hyazinthe. Überhaupt sind Ovids *Metamorphosen* voller Geschichten über Menschen und Götter, die zu Pflanzen werden. Nur von Orchis fehlt im klassischen Kanon jede Spur. Liger versieht die Geschichte von Orchis mit einer Moral: »Der Rache des Himmels entgehet nichts, und ob er gleich seine Streiche eine Zeitlang pflegt zurück zu halten, so strafet er dannoch die, welche sich in ihren Lastern immer mehr und mehr vertieffen, anstatt sie sich deren entschlagen solten.«[6]

Ligers Buch wurde 1706 ins Englische übersetzt und, ihres französischen Kontexts beraubt, wurde die Orchis-Geschichte als klassischer Mythos wahrgenommen und weitererzählt. Die Pariser Cafégesellschaften, für die das Buch geschrieben war, waren mit der griechischen Mythologie und ihren Figuren bestens vertraut. Witzige, pseudomoralische Fabeln, alte und neu erzählte, waren ihnen keineswegs fremd, und vermutlich kam es Ligers Leserschaft gar nicht erst in den Sinn, die Authentizität seiner Geschichten zu hinterfragen. Dieses Publikum schätzte ganz einfach clevere und witzige Unterhaltung.

Doch ob griechischer Mythos oder nicht, die Geschichte von Orchis illustriert jene Eigenschaften, die die westliche Kultur mit den Orchideen bis heute verbindet. Orchis ist lustvoll wie sein Vater, der Satyr, und schön wie seine Mutter, die Nymphe. Sowohl Orchis als auch die Orchidee stehen hier für Zierlichkeit und Sexappeal. Orchideen sind im wahrsten Sinne des Wortes verstörend betörend.

Zweite Station

KEW GARDENS, LONDON

»Vielleicht hinter diesem Baum.«

Meiner Freundin Tashina steht die Erschöpfung ins Gesicht geschrieben. Schweiß perlt auf ihrer blassen Stirn, während sie sich unter dem riesigen Blatt eines Bananenbaumes hinwegduckt. Es ist warm, 28 Grad, der Himmel über dem Blätterdach, das uns schirmt, ist wolkenlos und makellos blau. Ich spüre, wie sich der Schweiß an meinem Rücken sammelt, und seufze tief. Wir suchen bereits seit einer guten Stunde nach den Orchideen, die Spätsommerhitze lässt es noch länger erscheinen.

»Ich denke«, sage ich ehrlich, »dass wir in Taiwan suchen müssen.«

Tashina wirft einen Blick auf den Lageplan. Ihre Augen scannen den Weg, aber noch bevor sie antworten kann, mischt sich ihr Freund in das Gespräch ein: »Leute, können wir erst eine Cola trinken gehen?«

Also gehen wir eine Cola trinken. Tashina kauft mir ein Eis. Eigentlich war es meine Idee gewesen, eine Orchideenexpedition zu machen, aber Tashina fällt ganz locker in ihre Rolle der Wegführerin. Im Gegensatz zu mir kann sie nämlich Karten lesen, hat Bargeld dabei und ist viel aufmerksamer als ich beim Durchstreifen der Wälder.

»Hier«, sagt sie irgendwann, als wir in einem Gebüsch stehen, irgendwo in Lateinamerika. »Eine Popcornorchidee.«

Und tatsächlich: Auf einem Baumstamm haften ganz unscheinbar die schlanken dunkelgrünen Blätter einer *Oncidium sphacelatum*. Ihre gelbe Blüte gleicht normalerweise fettigem Popcorn – oder aber den Gewändern von Tänzerinnen weshalb die Blume in Sri Lanka auch unter dem Namen Kandysche Tänzerin (Kandyan dancer) bekannt ist. An dem Gewächs vor uns wären wir womöglich aber vorbeigezogen, hätte uns nicht ein kleines Schild am Baumstamm auf Art und Herkunft der Pflanze hingewiesen.

Die Royal Botanic Gardens im Londoner Stadtteil Kew beherbergen die ganze Welt. Die Glashäuser glitzern wie Kristalle in der Nachmittagssonne, jedes von ihnen ist ein kleiner Palast, in dem man sich zwischen Farnen, Mammutbäumen, Blumen und Lianen verirrt. Und ich kann ein bisschen nachvollziehen, wie es sich damals angefühlt haben muss, als die ersten Orchideensammler die fremden Dschungel auf der Suche nach besonderen Blumen durchforsteten.

***

Die Wiege der europäischen Orchideenzucht liegt in England. Über die britischen Kolonien gelangten die englischen Aristokraten des neunzehnten Jahrhunderts an tropische Pflanzen, die die europäische Welt noch nie gesehen hatte. Die Vielfalt der Formen ließ die Sammler und Züchter geradezu in ein Orchideenfieber verfallen. Der Reiz und die Seltenheit der Pflanzen waren der höchste Preis für Gärtner, die ihre Sammlungen zur Schau stellen wollten. Dazu kam, dass es äußerst schwierig war, die Orchideen in Europa überhaupt am Leben zu halten, geschweige denn zur Blüte zu bringen. Der erste Europäer, dem dies gelang, war vermutlich der britische Stoffhändler Peter Collinson. Über seine Kontakte in den Kolonien erhielt er immer wieder exotische Pflanzen und Tiere, darunter eine Orchidee von Province Island auf den Bahamas. Sie blühte 1731 zum ersten Mal und erhielt 1732 den Namen *Helleborine americana* (heute: *Bletia verecunda*).[1]

Dass es einem privaten Sammler gelang, ohne die Ressourcen eines botanischen Gartens eine tropische Orchidee erblühen zu lassen, war ein seltener Erfolg. Die Orchideen, die die lange Schiffspassage nach Europa überlebten, hielten es hier in dem viel zu kühlen Klima nicht aus. Die meisten der Pflanzen starben bereits in den Laderäumen. In zahlreichen Berichten klagen Sammler, wie sie daheim die Transportkisten öffneten und in ihnen nichts als schwarze, verfaulte Pflänzchen vorfanden.

Die Kew Gardens in London können sich mit einer der frühesten Orchideensammlungen brüsten. Bereits 1780 wurden etwa zwanzig verschiedene Arten aus Westindien, China und Java in Grubenhäusern gezüchtet. Diese Gewächshäuser waren zur Hälfte in die Erde eingelassen und simulierten die feuchtheißen Bedingungen der Tropen. In den Glashäusern waren die Temperaturen dagegen so hoch, dass die Orchideen geradezu gekocht wurden. Man dachte lange, tropische Pflanzen bräuchten viel Wärme, und vergaß dabei, dass sie oft aus kühlen Bergregionen stammten, wo die Nächte kalt sind.[2]

Viele Orchideen sind sogenannte Epiphyten. Sie wachsen auf den Stämmen und Ästen von Bäumen, und ihre Wurzeln graben sich nicht in die Erde, sondern ragen in die

Luft. Sammler gingen lange Zeit davon aus, es handele sich bei den Orchideen um Parasiten, die nur auf einer ganz bestimmten Art von Baum wuchsen und kein Wasser brauchten. Andere glaubten hingegen, das Wachsen an Baumstämmen sei nichts weiter als eine Wachstumsphase. Um der Pflanze einen Gefallen zu tun – oder was die Europäer zumindest für einen solchen hielten –, stellten sie die Pflanzen samt ihren Luftwurzeln in Torf oder Erde. Natürlich starben die Orchideen bei diesem Versuch, weil ihre Wurzeln nicht mehr an genügend Sauerstoff kamen und erstickten. Vermutlich war das größte Problem der Züchter die Vorstellungen, die der Begriff »Dschungel« in ihren Köpfen auslöste. In seinem Ursprung bedeutet das Wort Ödland, Wüste oder Dickicht, aber in der Fantasie der Europäer handelte es sich um saftig grüne Wälder voller Gefahren und Geheimnisse. Giftige Pflanzen wucherten in heißer, drückender Luft, die im Blätterdickicht stand. So ähnlich fühlten sich auch die frühen Gewächshäuser an. Es dauerte eine geraume Zeit, bevor die Züchter allmählich begriffen, dass es sich bei ihren Gewächshäusern in Wahrheit um regelrechte Orchideenfriedhöfe handelte.

Der Verlust der Orchideen – auch durch die Transportschäden – war so katastrophal, dass die britische Gartengesellschaft, die Royal Horticultural Society, in den 1820er-Jahren ihren Assistenzsekretär, John Lindley, damit beauftragte, das Wachstum der Orchideen systematisch zu erforschen. Viele von Lindleys Erkenntnissen waren weit davon entfernt, perfekt zu sein. Zum Beispiel erkannte er zwar die Notwendigkeit, den Pflanzen ein Entwässerungssystem zu bieten, aber weil er glaubte, dass die große Hitze den Orchideen guttat, wurden sie nun zwar nicht mehr gekocht, dafür aber gebraten. Lindley stellte aber ebenfalls fest, dass sich die Wachstumsbedingungen der Orchideen je nach Klima und Standort des Lebensraums, aus dem sie stammten, maßgeblich unterschieden und so gut es ging nachgeahmt werden mussten.

Eine ganze Reihe von Veränderungen fegte im achtzehnten und frühen neunzehnten Jahrhundert über die gesamte Weltkugel. Mit der Ausweitung des Kolonialismus wuchsen auch die Handelsnetzwerke, durch die immer mehr fremde Tiere und Pflanzen nach Europa gelangten. Infolge der Industrialisierung wurde die Schifffahrt gestärkt, außerdem konnten Materialien wie Eisen und Glas auf einmal billig produziert werden. Glas war lange Zeit ein Luxusprodukt gewesen, weil seine Herstellung äußerst kompliziert und teuer war. Erst 1838 wurde Flachglas erfunden. Es kühlte schnell ab und musste nicht wie seine Vorläufer poliert werden. So konnten zum ersten Mal große Fensterscheiben in unbegrenzten Mengen relativ günstig auf den Markt gebracht werden. Was den Bau moderner Gewächshäuser zusätzlich erleichterte, war die Abschaffung der Fenster- und der Glassteuer. Die Fenstersteuer war im Grunde eine »Steuer auf Luft und Sicht«, und sie war so hoch, dass in vielen Häusern die Fenster, wo möglich, nur aufgemalt wurden. Die Glassteuer wiederum richtete sich nach dem Gewicht des Glases in den Fenstern, weshalb oft nur schwaches Glas verwendet wurde. Die Glassteuer wurde 1845 aufgehoben, die Fenstersteuer schließlich 1851. Was Glas für die Menschen im neunzehnten Jahrhundert bedeutete, ist für uns heute kaum mehr vorstellbar. Der amerikanische Journalist Bill Bryson schreibt in seiner *Kurzen Geschichte der alltäglichen Dinge* dazu:

> »Heute sind wir große Glasflächen gewohnt, doch für jemanden, der im Jahre 1851 lebte, war die Möglichkeit, durch weite, hohe, luftige Räume im Innern eines Gebäudes zu wandeln, überwältigend, ja, schwindelerregend. Den Blick, der sich dem ankommenden Besucher von Weitem auf die glitzernde, transparente gläserne Ausstellungshalle bot, können wir uns einfach nicht mehr vorstellen. Es muss so zart und flüchtig, so wunderbar zauberisch ausgesehen haben wie eine Seifenblase.«[3]

Die britischen Gewächshäuser wurden stetig größer und besser, damit stieg auch die Nachfrage nach tropischen Pflanzen. Zugleich gelangten englische Pflanzenjäger infolge Großbritanniens kolonialer Ausdehnung mithilfe indigener Führer in die entlegensten Ecken der Tropen und entdeckten dauernd neue Pflanzenarten. Minigewächshäuser, sogenannte *wardian cases*, erleichterten außerdem den Transport der Pflanzen, sodass sie die Fahrt nach Europa häufiger überlebten. Die Berichte der Reisenden zu Vegetation und Klima half den europäischen Forschern dabei, die Bedingungen zu verbessern, die die Pflanzen zum Wachsen brauchten.

Ein wahres Verständnis für die Orchideen aus den fernen Urwäldern wuchs mit der Entwicklung von Bergsteigertechniken. Den Wissenschaftlern war es plötzlich möglich, Bäume relativ sicher zu erklimmen und die Baumkronen als funktionierendes Ökosystem zu erforschen. Erst als sie sich eine geraume Zeit selbst in den Wipfeln der Bäume aufhielten, konnten sie die Herausforderungen, die mit dem Leben dort oben verbunden sind, auch verstehen.

***

Das Princess of Wales Conservatory, ein Gewächshaus mit zehn verschiedenen Klimazonen im Londoner Stadtteil Kew, führt den Besucher durch ein gläsernes Labyrinth der Ökosysteme. Die tropischen Orchideen füllen einen eigenen Raum, und vermutlich könnte man einen Tag nur damit verbringen, sie alle zu entdecken. In einem Glaskasten sind besonders alte und sehr wertvolle Orchideen ausgestellt. Eine *Dendrobium glomeratum* mit ihren strahlenden lila Blüten, eine *Miltonia regnellii*, deren rosa Lippe zwischen den weißen Blütenblättern hervorsticht, eine *Paphiopedilum stonei*, ein Frauenschuh, der in der Natur nur in Borneo vorkommt. Obwohl die Blüten in allen Farben schillern, von Gelb über Rot, Pink und Lila bis Weiß, ist der Raum auf den ersten Blick grün. Ein kleiner künstlicher Wasserfall plätschert durch das Pflanzendickicht, dicke Blätter und strauchartige Gewächse verbergen die Pracht. Erst beim nahen Herantreten erkennt man die vielen winzigen weißen Blüten der *Ornithophora radicans* oder das tiefe Dunkellila der *Vanda coerulea*, die von Weitem fast blau scheint – eine Seltenheit unter den Orchideen.

Tashina kauert vor dem Glaskasten mit seinen Besonderheiten und weist ihren Freund und mich an, aus der Spiegelung zu treten. Sie fotografiert jede Blüte sorgfältig, dann richtet sie sich wieder auf und schiebt zufrieden lächelnd ihr Handy zurück in die Tasche. »Ich mag Orchideen«, sagt sie versonnen.

»Warum?«

»Weil sie so bunt sind.« Wir gehen den gekennzeichneten Pfad weiter entlang, um die Blüte einer *Clowesia russelliana* zu betrachten. Sie ist fast transparent, feine Venen scheinen ihre Blütenblätter zu durchziehen. Aus ihrem Topf wächst sie den Besuchern entgegen, ihre Blüten weit geöffnet. »Weiß nicht«, fügt Tashina nachdenklich hinzu. »Die Orchideen waren immer die einzigen Pflanzen, die bei uns zu Hause so richtig wachsen wollten.«

Tashina ist meine älteste Freundin. Wir lernten uns im Kindergarten kennen und waren lange Zeit, wie es die Engländer nennen, *joined at the hip*: wie siamesische Zwillinge. Als ich ihr von meinen Plänen erzählte, nach London zu fahren, buchte sie spontan einen Urlaub mit ihrem Freund, um mich zu begleiten. Bei Tashina zu Hause war es meistens herzlich, aber oft nicht einfach. Sie redet selten darüber. Orchideen sind zäh, deswegen hielten sie es vielleicht gut aus in einem Haushalt, wo Liebe und Verzweiflung oft Seite an Seite stehen. Tashina liebt bunten Lidschatten, roten Lippenstift und glitzernde Accessoires, und irgendwie, denke ich an diesem Nachmittag im Gewächshaus, ist sie einer Orchidee vielleicht auch gar nicht so unähnlich.

***

Bevor wir die Kew Gardens wieder verlassen, besuchen wir den Souvenirladen – wie ich finde, mit das Beste bei jedem Museumsbesuch. Neben Geschirrtüchern, Spielzeug und Magneten gibt es da vor allem Bücher. Bücher über jede nur erdenkliche Pflanzenart, Blumenkunst, Gartenbau, Wälder und Bücher über Ökosysteme unter dem Meer. Es ist wahrlich ein kleines Mekka von Büchern mit schön gestalteten Titeln. Bücher über Pflanzen, vor allem solche, die nicht nur der Wissenserweiterung dienen, sondern vor auch ästhetisch ansprechend sind, gibt es nicht erst seit der Erfindung teurer Museumsshops. Und über kaum eine Pflanze gibt es so viel –

und auch so teure – Literatur wie über die Orchideen.

1837 erschien *The Orchidaceae of Mexico and Guatemala* von James Bateman, einem britischen Botaniker. Es wurde in zehn Teilen veröffentlicht, wovon jeder Band 1,11 Pfund Sterling (heute ca. 1.100 Pfund) kostete. Die vollständige Ausgabe wurde schließlich für 15,15 Pfund Sterling verkauft. Es war das größte und teuerste Buch über Orchideen, das jemals hergestellt worden ist. Nur 125 Exemplare wurden gedruckt. Die Bände zeichnen sich durch die wunderschönen handgezeichneten Illustrationen von Orchideen aus Zentralamerika aus. Wer reich genug war, sich dieses Buch zu kaufen, brauchte vermutlich auch ein maßangefertigtes Bücherregal. Die Abbildungen waren nämlich in Originalgröße angefertigt, daher maß das Buch 68,5 mal 38,1 Zentimeter. Es ist das größte Format, das die viktorianische Druckmaschine zustande brachte, und das Buch erhielt den Spitznamen »der Albtraum der Bibliothekare«.[4]

Bateman erkannte früh, dass Orchideen viel Licht, eine gute Belüftung und nur wenig Wasser benötigen. Ihm zufolge sollte man in Gewächshäusern die Temperaturen so reduzieren, dass sie einer tropischen Kältephase ähnelten. Manche der Orchideen kämen »in den höheren Breitengraden und in reinerer Luft häufiger vor als in den heißen und verpesteten Dschungeln an der Küste.«[5] Diese Orchideen konnten daher bis zu einem gewissen Grad Kälte standhalten. Das machte sie perfekt für Züchter, die bislang vor solchen Pflanzen eher zurückschreckten, weil das Beheizen der Gewächshäuser so kostspielig war. Zudem war Bateman einer der ersten Autoren, die das Phänomen des Orchideenfiebers, der *Orchidmania*, in seinem Werk aufgriffen »Der Adel, der Klerus, die Gelehrten und die Kaufleute scheinen gleichermaßen unfähig, dem Einfluss der vorherrschenden Leidenschaft zu widerstehen.«[6] Diese Liste von Orchideenliebhabern schloss zwar Neureiche ein, aber Bateman implizierte auch, dass Orchideen natürliche Aristokraten waren: Eine Gemeinschaft sei dann am glücklichsten, befand er, wenn sich jede Gesellschaftsschicht den Blumen ihrer entsprechenden Klasse widmen würde. Die Pflegetipps in dem Buch richteten sich aber keineswegs an die Oberschicht, sondern an die Gärtner, die die eigentliche Arbeit verrichteten.

Als Gegenstück dazu erschien 1843 das erste europäische Handbuch zur Haltung von Orchideen, *Remarks on the Management of Orchidaceous Plants* (dt.: »Hinweise zur Pflege von Orchideengewächsen«) von John Charles Lyons. Anders als Bateman sprach er die Pflanzenbesitzer direkt an und forderte sie auf, sich selbst an der Gartenarbeit zu beteiligen. Lyons hegte offenbar eine persönliche Abneigung gegen Gärtner. Sie seien »schmutzig und unrasiert, in fettigen Kleidern [...], die wie ihre Haare den Luxus einer Bürste nicht kennen.«[7] Lyons schalt Orchideenzüchter, die ihre Pflanzen noch immer in stickigen, heißen Gewächshäusern hielten. Wie Bateman empfahl auch er, den Blumen eine Winterpause zu gönnen und sie an einen kühleren Ort zu stellen.

Doch Orchideen sollten nicht mehr lange nur einer Oberschicht vorbehalten sein. Dampfbetriebene Druckerpressen kombiniert mit billigerem, maschinell hergestelltem Papier senkten die Preise von Büchern und Zeitschriften. Bis zur Mitte des Jahrhunderts gab es Literatur zu jedem möglichen Thema, und sie war für eine immer größer werdende Leserschaft zugänglich. Dadurch wurden Orchideen nach und nach bei der Mittelschicht populär. Vielleicht das gesellschaftlich prägendste Jahr des neunzehnten Jahrhunderts war in Großbritannien das Jahr 1851. Eine Umfrage der anglikanischen Kirche ergab, dass die Hälfte aller Einwohner von England und Wales gar nicht mehr in den Gottesdienst gingen und von denen, die es noch taten, nur noch 20 Prozent der anglikanischen Kirche angehörten. Eine Volkszählung machte außerdem deutlich, dass die Briten zwar nur 1,6 Prozent der Weltbevölkerung stellten, dafür aber produktiver und effizienter als alle anderen Länder waren: Sie waren verantwortlich für die Hälfte der weltweiten Kohle- und Eisenproduktion, dominierten zwei Drittel der internationalen Seefahrt und ein Drittel des Handels. Großbritannien herrschte als wachsendes Empire über ein Viertel der Weltbevölkerung. Und: Zum ersten Mal in der Geschichte der Menschheit war der Bevölkerungsanteil, der in Städten wohnte, größer als der auf dem Land. Es entwickelte sich eine neue, urbane Gesellschaft, deren Sehnsucht nach Blumen und frischer Luft in der von Fabriklärm und Rauch verseuchten modernen Großstadt zunehmend stieg. Im Jahr 1851 wurde in Londons Hyde Park zudem die erste Weltausstellung, die *Great Exhibition*, veranstaltet, und zum ersten Mal kamen Menschen aus allen Gesellschaftsschichten zusammen.[8]

Diese vielen Komponenten des sozialen Wandels hatten auch ihren Einfluss aufs Gärtnern. Unter dem Titel *Orchids for the Million* (dt.: »Orchideen für die Millionen«) veröffentlichte der Gärtner Benjamin S. Williams 1851 eine Reihe von Artikeln im Magazin *Gardener's Chronicle*. Darin erklärte er, dass nicht nur jeder Mensch Orchideen züchten könne, sondern unbedingt auch sollte! Williams Artikel stellten die Vorstellung infrage, dass nur besonders fähige Personen diese Pflanzen überhaupt kultivieren konnten. Das war es natürlich gerade, was zugleich einen großen Teil der geheimnisvollen Aura der Orchidee ausmachte. Aber er beschrieb ein System der Orchideenzucht, das einfach und kostengünstig war. Seine Artikel waren so erfolgreich, dass sie schließlich unter dem Titel *The Orchid Grower's Manual* (dt.: »Handbuch für Orchideenzüchter«) in Buchform veröffentlicht wurden. Dieses kleine Buch war in seiner Wirkung beinahe staatsgefährdend. Orchideen mochten die »Königsfamilie der Pflanzen« sein, aber sie tauchten immer öfter in den Gärten, Gewächshäusern und Wohnzimmern der Mittelschicht auf. Es war vermutlich nicht zuletzt der begeisterten Orchideenzucht zuzuschreiben, dass immer mehr Briten ihren Sonntagvormittag im Garten anstatt in der Kirche verbrachten.

Dritte Station

WIEN

Neben dem satten Grün der stolzen hohen Blätter wirken die Blüten blass, beinah transparent. In Wirklichkeit sind sie gesprenkelt von tausend lila Punkten, die sich über die Blütenblätter ziehen wie Sommersprossen. Dichter dort, wo die Blüte aus dem Stiel wächst, und lichter in ihrem Innern. Und nur wenn man ganz nah an das Gewächs herangeht, erkennt man, dass sich ganz im Herzen der Blüte eine leuchtend gelbe Narbe befindet. Die *Acineta moorei* gleicht in der Natur einem schreienden Alien, das in einer Weltraumoper einen Auftritt verdienen würde. Aber unter den Pinselstrichen von Margareta Pertl kommt die Zartheit der Blüte zur Geltung, die vielen winzigen Details ihrer Musterung, die geschwungenen Formen jedes einzelnen ihrer Blütenblätter, der Aufbau ihrer Organe tief im Innern. Die Blume wirkt echter auf dem Papier, als sie es auf fotografischen Makroaufnahmen tut.

Margareta Pertls Atelier im Botanischen Garten in Wien erstrahlt in wundersamem Künstlerchaos. Die Staffelei mit dem angefangenen Porträt, schräg davor die echte Orchidee aus dem Gewächshaus, daneben die Palette mit den Farben, Gelb und Weiß und Grün und Braun und ein bisschen Pink. Das gerahmte Bild einer stolzen Orchidee in Lebensgröße hängt an der Wand neben der Tür, fast einen Meter hoch. Pertl arbeitet als botanische Illustratorin. Es ist ein Beruf, der aus der allerfrühsten Pflanzenforschung stammt und der im wahrsten Sinne des Wortes noch heute blüht. Kolorierte Zeichnungen geben die Pflanzen besser wieder als Fotos oder getrocknete Blüten. Lange Zeit, als der Transport und das Züchten tropischer Orchideen noch eine größere Herausforderung darstellte als heute, waren Bilder außerdem das Nächstbeste, womit reiche Orchideensammler ihr Heim schmücken konnten.

Nichts widerspricht der Auffassung, Orchideen seien langweilig, mehr als das Cover des Buches, das Sie gerade in der Hand halten. *Orchideen*, gezeichnet von dem deutschen Zoologen Ernst Haeckel, war eine von hundert Tafeln, die 1904 in seinem Buch *Kunstformen der Natur* erschienen. Haeckels Orchideenbild illustriert perfekt, was frühe Orchideensammler an den Blumen faszinierte: ein Hauch von Dschungel und Abenteuer und die Vielseitigkeit ihrer Formen und Farben. Trotz aller Unterschiede zwischen den Arten sind die Blüten identisch aufgebaut: Drei Kelchblätter bilden einen äußeren Ring, drei Kronblätter den inneren. Zweimal drei Blütenblätter sind das offensichtlichste Merkmal einer Orchidee. Ein weiteres ist das zur Lippe vergrößerte dritte Kronblatt, das sich meistens am unteren Teil der Blüte befindet. Die Lippe oder das Labellum hebt sich durch Größe, Farbe oder Duft, manchmal auch durch alle drei Charakteristika von den anderen Blütenblättern ab und lockt außerdem Insekten an. Genau wie Tiere und Menschen besitzen Pflanzen Fortpflanzungsorgane: Staubblätter, die den Pollen produzieren, und Fruchtblätter mit den Samenanlagen.

Oberhalb der Fruchtblätter befindet sich der Griffel mit der Narbe. Um die Eizellen zu befruchten, muss Pollen auf die Narbe gelangen. Viele Blumen, so auch die meisten Orchideen, besitzen beide Organe. Anders als bei anderen Blumen jedoch sind bei der Orchidee Staub- und Fruchtblätter nicht getrennt, sondern zu einer Säule, dem Gynostemium, zusammengewachsen. Der Pollen im Staubblatt klebt in Klumpen zusammen. Diese Masse, die Pollinien, liegen nur wenige Millimeter über der Narbe. Lange gingen die Botaniker darum davon aus, dass sich Orchideen ohne die Hilfe von Insekten selbst bestäubten. Charles Darwin aber machte eine außergewöhnliche Entdeckung: Zwischen den beiden Fortpflanzungsorganen liegt ein Trenngewebe, das sie zugleich vereint und trennt: das Rostellum. Die Pollinien haften an einer klebrigen, von einem Schutzbeutel bedeckten Scheibe. Der Luft ausgesetzt, trocknet der Leim auf der Scheibe und wird hart. Das Insekt landet auf der Lippe, schiebt seinen Kopf in die Blüte und streift dabei gegen die Pollinien auf der Säulenspitze. Dadurch entsteht ein Riss im Schutzbeutel, der Leim auf der darunterliegenden Scheibe wird freigesetzt, und die Pollinien bleiben fest am Insektenkopf kleben.

Unbeirrt fliegt das Insekt weiter zur nächsten Blüte, die Pollinien im Gepäck. Würde das Insekt sie nun achtlos irgendwo deponieren, fände keine Bestäubung statt. Das Insekt muss sie auf der Narbe ablegen. Hier kommt der bereits erwähnte Leim ins Spiel: Er fixiert nicht nur die Pollinien am Insekt, sondern ist nun hart geworden, hat sich zusammengezogen und dünne Fäden gebildet, die sich zu biegen beginnen. So schieben sie die Pollinien auf dem Kopf des Insekts weiter nach vorne und bringen sie genau in die richtige Position. Wenn das Insekt also in die nächste Blüte kriecht, verfehlt es um Haaresbreite das Staubgefäß und berührt mit seiner Fracht stattdessen die Narbe. Natürlich könnte das Insekt die Pollinien wieder in derselben Blüte ablegen, in der es sich bereits befindet. Aber zwischen dem Laden der Pollinien und dem Verbiegen der Leimfäden vergeht gerade genügend Zeit, damit das Insekt wieder rauskriechen und zur nächsten Pflanze fliegen kann. Das erhöht die Wahrscheinlichkeit, dass eine Blüte von fremden Pollen bestäubt wird und keine Selbstbestäubung stattfindet.

Die Illustration von Pflanzen für die Wissenschaft reicht bis in die Antike zurück. Gegen Ende der Renaissance verschmolzen künstlerische Traditionen mit jenen des wissenschaftlichen Zeichnens, woraus eine neue Kunstform wuchs: die botanische Malerei. Vor allem Kräuterbücher, in denen die kulinarische und medizinische Verwendung von Pflanzen beschrieben wurde, waren mit Abbildungen versehen. Als immer mehr exotische Pflanzen nach Europa gelangten, wurden immer mehr Künstler damit beauftragt, ihre Schönheit festzuhalten. Kew Gardens beschäftigte sogar einen offiziellen Illustrator, den Deutschen Franz Bauer. Er war angestellt als »Botanic Painter to His Majesty« und begleitete Orchideenjäger auf ihren Expeditionen.

Botanische Illustration will ästhetisch sein, zugleich aber auch das Wesen von Pflanzen verstehen und ihre Struktur dokumentieren. Sie ist heute noch genauso wichtig wie vor dreihundert Jahren. Professionelle Botaniker illustrieren ihre Arbeit noch immer lieber mit Zeichnungen als mit Fotografien, besonders wenn es um das Beschreiben neuer Arten geht. Die Illustration bietet den Vorteil, dass eine Gleichzeitigkeit dargestellt werden kann: Wie sieht die Pflanze aus, wenn sie blüht? Wie verändern sich die Blüten, wenn sie welken? Auch Herbarbelege, getrocknete und gepresste Gewächse, die in Archiven aufbewahrt werden, helfen nur bedingt, um Pflanzen eingehend zu studieren. Sie sind zwar wichtig für die DNA-Analysen, können aber keine Pflanze in lebendiger Blüte darstellen.

Weder Fotografie noch Scanner erreichen eine Tiefenschärfe, wie es einer Illustratorin wie Margareta Pertl gelingt. Bevor sie mit dem Zeichen beginnen kann, muss sie jedes Detail der Pflanze genau studieren. Sie liest botanische Bücher, sucht Fotos heraus, studiert Herbarbelege, betrachtet die Blütenstruktur unter dem Mikroskop und tauscht sich mit Orchideengärtnern aus. Sie ist keine Botanikerin, aber sie nimmt sich für jede Pflanze mehr Zeit, als es ein Wissenschaftler tun könnte. Die erste fertige Skizze legt sie einem Experten vor, der mit ihr die wichtigen Merkmale diskutiert: Ausbuchtungen vielleicht, eine prominente Wölbung in der Lippe – jene Eigenschaften eben, die eine spezifische Orchidee charakterisieren. Am Ende überträgt Pertl die Skizze mithilfe eines Transparentpapiers auf das Aquarellpapier, auf dem die tatsächliche Illustration entstehen wird. Der Herstellungsprozess besteht aus tausend kleinen Schritten, noch bevor das eigentliche Malen mit den Wasserfarben, das sogenannte Aquarellieren, überhaupt beginnt.

Pertl zeigt auf das Bild neben der Tür ihres Ateliers. »Man weiß ja nie, ob die Pflanze im nächsten Jahr dann wieder blüht. Darum habe ich als Allererstes die Blütenstände gemalt. Ich illustriere gern die ganze Pflanze – auch die bereits abgestorbenen Teile, die Bulben, die Wurzeln und die Samenkapseln.« Als Margareta Pertl mit dem Illustrieren anfing, lebte sie mit ihrer Familie in Dublin und unterrichtete Kunst an einer Mittelschule. Als es bei einem Besuch im Botanischen Garten zu regnen begann, flüchtete sie in eines der Gewächshäuser und landete ganz zufällig in einem Vortrag über Orchideen. So entstand ihr Interesse an den Blumen, und sie begann zu zeichnen.

Eine einzige Illustration kann viele Jahre dauern, weil Pertl jeden Entwicklungszustand der Pflanze dokumentieren will. An dem Bild neben der Tür arbeitete sie zehn Jahre. »Weil ich mich so intensiv mit den Pflanzen, die ich illustriere, auseinandersetze, fallen mir und den Botanikern manchmal ganz neue Dinge auf. Bei einer Orchidee haben wir festgestellt, dass Samenkapseln des vergangenen Jahres und Blütenstand zur gleichen Zeit vorhanden sind. Das ist bei den meisten Orchideen anders, aber darauf muss man erst mal kommen.« Wenn sie die Skizze angefertigt hat, geht Pertl ans Kolorieren. Farbschicht um Farbschicht trägt sie auf, bis sie den richtigen Farbton erreicht hat. Arbeiten kann sie nur bei Tageslicht, weil es fast unmöglich ist, die Farben in künstlichem Licht richtig zu treffen. »Vor den Blättern habe ich immer eine große Scheu«, erklärt sie. »Das ist so schauerlich viel Arbeit.«

Ich blicke auf die dunkelgrünen Blätter der Pflanze auf ihrem Tisch und dann auf das Bild an der Wand. Bei einem Spaziergang im Wald fiel mir einmal auf, dass er nicht einfach nur grün ist, sondern aus tausend Grüntönen besteht, und jeder Ton hat einen bestimmten Namen. Die verschiedenen Töne bilden eine unendliche Vielfalt, die uns umgibt. Dieser Gedanke überfällt mich nun in Margareta Pertls Atelier. Ein dunkelgrünes Blatt kann aus zwanzig oder mehr Farbschichten bestehen. »Die Blätter male ich immer erst, wenn ich keine Ausrede mehr habe«, gesteht sie lachend. »Für so ein Blatterl brauche ich Stunden. Ich freue mich immer, wenn ein brauner Fleck irgendwo auf der Pflanze ist oder ein Insektenverbiss. Das macht mich glücklich, weil da kommt etwas Abwechslung rein!« Sie zeigt auf den oberen Teil des gemalten Blattes, der bereits etwas gelblich braun verfärbt ist. »Das hat mir sehr viel Spaß gemacht, aber das rechte Blatt – poah!« Das rechte Blatt ist ganz grün. Es besteht aus einer gelben Grundierung, dann aus einer langsamen Annäherung an das richtige Grün und aus weiteren Gelbschichten obendrüber, um die Farbe zu perfektionieren.

Pertl arbeitet nur mit lebenden Pflanzen. Farben sehen auch auf den besten Fotografien nie aus wie in der Natur. Eines ihrer ersten Projekte war die Illustration der Orchideen, die nach Frederick William Moore benannt sind, der von 1879 bis 1922 Kurator des botanischen Gartens in Dublin war und eine Leidenschaft für Orchideen hatte. Das Projekt dauerte über drei Jahre. »Er war einer der Ersten«, erzählt Pertl begeistert, »die tropische Orchideen wirklich am Leben erhalten konnten. Die Sammler damals sammelten ja alles ein, was sie in den Tropen so finden konnten, und schickten es dann ohne Beschreibung nach Europa. Moore hat es geschafft, die Orchideen artgerecht weiterzubringen und sie sogar zu vermehren. Darum sind so viele Orchideen nach ihm benannt worden.«

In einem Interview mit der *Deutschen Welle* zitierte Pertl einmal den britischen Schriftsteller John Ruskin: »›Wenn man ein Blatt malen kann, kann man die Welt malen.‹[1] Das ist sehr bezeichnend, der ganze Kosmos eröffnet sich. Also, wenn ich mir das Blatt genau anschaue und auch in die Tiefe gehe, erst dann eröffnet sich mir die ganze Vielfalt der Natur.«

Die botanische Illustration ist in England seit einigen Jahren wieder sehr beliebt und erhält viel Förderung. So eröffnete Kew Gardens 2008 die Shirley Sherwood Gallery of Botanical Art, die erste Galerie der Welt, die ausschließlich botanischer Kunst gewidmet ist.

In Österreich und Deutschland hat diese Disziplin jedoch größere Schwierigkeiten, wieder Fuß zu fassen. In den vergangenen Jahrzehnten, so Pertl, habe die Blumenmalerei einen eher »biedermeierlichen« Ruf, etwas Spießiges an sich, das an die Zeit der Weltkriege erinnert und heute aus der Mode gekommen ist. Aber durch eine eingehendere Beschäftigung mit der historischen wissenschaftlichen Illustration, hofft sie, wächst auch in Österreich allmählich wieder das Interesse an der Darstellung von Pflanzen.

Pertl mustert das halb fertige Bild auf ihrem Arbeitstisch. Es wird schwierig sein, das leuchtende Gelb der Blüten aufzutragen. »Ich kann für intensive Farben nicht einfach Pastos auftragen«, erklärt sie. »Die wäre zu dick, und ich hätte am Ende nicht diese Durchsichtigkeit.« Vorsichtig hebt sie eine der Blüten neben der Staffelei an und runzelt die Stirn. »Vorne ist sie anders als hinten. Hinten ist sie etwas grüner. Aber es ist schwer zu sagen, weil die Blüten so klein sind.« Sie nimmt eine Kopflupe vom Tisch, setzt sie auf und beugt sich tiefer über die Pflanze. »Und dann ist da noch die Äderung. Da werden noch mal zwei Schichten obendrauf kommen.«

»Ganz schön viele Farben«, stelle ich fest.

»Ja«, bestätigt sie. »Alle Farben kommen immer wieder vor.«

Vierte Station

DIE WISSENSCHAFT

Orchideen werden zwar bereits seit der griechischen Antike gesammelt und beschrieben, allerdings war lange Zeit gar nicht klar, welche Pflanzen überhaupt zur Familie der Orchideen gehörten. Das Konzept von Familie, Gattung und Art, die Hierarchie der biologischen Systematik, wie wir sie heute kennen, gibt es erst seit dem achtzehnten Jahrhundert. Zu jener Zeit konnte eine Pflanze mehrere Namen haben. Die *Orchis italica* zum Beispiel hieß in Deutschland Italienisches Knabenkraut, in Italien *Uomo nudo* (dt.: der nackte Mann) und in Frankreich *Orchis ondulé* (dt.: gewellte Orchidee). Selbst innerhalb eines Landes trug manche Pflanze verschiedene Namen. Umgekehrt konnten aber auch verschiedene Arten denselben Namen haben. Ohne einheitliches System bestand keine Möglichkeit zu prüfen, ob eine bestimmte Orchideenart bereits beschrieben worden war.

Mit der Entdeckung des amerikanischen Kontinents durch den italienischen Seefahrer Christoph Kolumbus 1492 tat sich auf einmal eine völlig neue Pflanzen- und Tierwelt auf. Im Zuge der Kolonialisierung und dem transatlantischen Handel gelangten Tiere und Blumen, darunter zahlreiche Orchideen, nach Europa, die bis dahin noch nie beschrieben worden waren. Und alles brauchte einen Namen. Bis dahin war es Tradition gewesen, Pflanzen anhand der Körperteile, die sie zu heilen versprachen, in Kategorien aufzuteilen. Pflanzen waren dazu da, um dem Menschen zu nützen, denn für ihn hatte Gott die Erde schließlich geschaffen. Die Erdkugel war das Zentrum des Sonnensystems, um das alle anderen Planeten kreisten. Dieses Verständnis der Welt änderte sich jedoch, als die Wissenschaft die Sonne zum Mittelpunkt des Sonnensystems erklärte und die Erde ein Planet von vielen wurde. Ganz ähnlich verhielt es sich mit der europäischen Tier- und Pflanzenwelt, die plötzlich neben der unendlich großen Vielfalt aus den Tropen unbedeutend klein schien.

Clusius, ein niederländischer Botaniker, entwarf 1576 ein System, in dem er versuchte, Pflanzen in Kategorien zu ordnen – unabhängig davon, was ihr Verwendungszweck war. Er unterteilte sie in Bäume und Büsche, Pflanzen mit Knollen, wohlriechende Blumen, Blumen, die gar nicht riechen, giftige Pflanzen und solche, die milchige Säfte produzierten. Die Orchideen gehörten bei Clusius zu den Knollengewächsen. Im Laufe der Zeit präzisierten sich die Illustrationen und die Sprache, um die Pflanzen zu beschreiben. Aber trotz seines Bemühens und des Bemühens anderer Botaniker blieben die Klassifizierungssysteme lange Zeit auf ihren Nutzen für den Menschen ausgerichtet. Als der deutsche Botaniker Leonhard Fuchs 1542 eine Liste aller bekannten Pflanzenarten zusammenstellte, umfasste diese fünfhundert Arten und war identisch mit der von Dioskurides. Der Direktor des botanischen Gartens Basel, Gaspard Bauhin, schrieb zu Beginn des siebzehnten Jahrhunderts eine umfassende Pflanzengeschichte, die *Pinax Theatri Botanici*. Das Werk enthielt sechstausend Arten; in weniger als achtzig Jahren hatte sich die Anzahl bekannter Pflanzenarten verzwölffacht. Im Jahr 1704 veröffentlichte der erste Botanikstudent der Cambridge-Universität, John Ray, seine *Historia Plantarum Generalis*. Es waren erst fünfzig Jahre vergangen, und Ray beschrieb bereits über zwanzigtausend Pflanzenarten, von denen die meisten aus der Neuen Welt stammten. Die neuen Pflanzen verbreiteten sich rasant in Europa, und Botaniker konnten sich nicht sicher sein, ob es sich bei gewissen Pflanzen tatsächlich um neue Arten handelte und woher sie ursprünglich überhaupt kamen. Aus diesem Grund wurde die amerikanische Flora in Europa bis ins achtzehnte Jahrhundert gar nicht vollständig anerkannt.

Eine erste nachhaltige Veränderung brachte der französische Botaniker Joseph Pitton de Tournefort, ein Zeitgenosse Rays. Die Art allein war ihm als Kategorie zu eingeschränkt, weshalb er als zusätzliche übergeordnete Kategorie die Gattung einführte. Als Grundlage zur Unterteilung der Pflanzen verwendete de Tournefort die Blüte, wobei er sich hauptsächlich auf deren Verwachsung konzentrierte. Damit war de Tournefort zwar nicht der Erste, aber niemand hatte die Gattung bis dahin so präzise definiert wie er. Im Jahr 1694 führte er außerdem die Kategorie der Ordnung ein, der sich die verschiedenen Gattungen zuordnen ließen. Die Orchideen waren eine Ordnung für sich, ihr Schlüsselmerkmal waren ihre asymmetrischen Blüten. Heute entspräche de Tourneforts Ordnung grob der Kategorie der Familie.

Lange Zeit waren nur Orchideen mit Knollen als eine Ordnung beschrieben worden. Das ist ein verhältnismäßig winziger Prozentsatz, denn die meisten Orchideen wachsen auf Bäumen. In der Botanik sind diese Orchideen als Epiphyten bekannt, wörtlich »auf der Pflanze«. Die meisten Orchideen sind entweder Epiphyten oder Litophyten, die auf

Stein oder Fels wachsen. Orchideen mit den namensgebenden Knollen sind eine Minderheit in der Orchideenfamilie.

Als Europäer zum ersten Mal die an Bäumen wachsenden Orchideen entdeckten, glaubten sie, die Blumen wären Parasiten und schadeten den Bäumen. Aber de Tourneforts Zeitgenosse Hendrik Adriaan Van Rheede tot Draakenstein (was für ein Name!), der niederländische Gouverneur der indischen Region Malabar (heute im Staat Kerala), beobachtete, dass sie die Baumstämme als stabilen Untergrund zum Wachsen brauchten. Van Rheede veröffentlichte zwischen 1678 und 1693 eines der ersten Bücher über tropische Pflanzen, den *Hortus Indicus Malabaricus*. Über zweihundert lokale Experten hatten an dem Buch mitgearbeitet, darunter mehrere indische Priester und Heiler, die in traditionelle pflanzenbasierte Medizin eingeweiht waren. Die Illustrationen wurden von vier Soldaten der Armee der East India Company angefertigt. Van Rheede schrieb über die Epiphyten:

> »Beobachtete große, erhabene und dichte Wälder. […] Es war oft sehr angenehm, auf einem einzigen Baum Blätter, Blüten und Früchte von zwölf oder zehn verschiedenen Arten zu sehen. Und doch schadeten sie diesem Baum in keiner Weise, sodass die Stämme solcher Bäume sehr dicht beieinander und sehr dick waren, oder sie hoben jedenfalls ihre Köpfe in die Luft zu einer eleganten Höhe von bis zu achtzig Fuß.«[1]

***

Vermutlich der wichtigste Name in der Geschichte der Klassifizierung und Benennung von Pflanzen ist Carl von Linné, geboren 1707 als Sohn eines schwedischen Pastors. Er studierte Medizin und arbeitete mehrere Jahre im botanischen Garten von Uppsala. Damals dienten botanische Gärten vor allem dazu, Medizinstudenten zu unterrichten. Ärzte, die abseits von großen Städten lebten, mussten ihre eigene Medizin herstellen, daher war die Kunde von Pflanzen, die einen Großteil der Inhaltsstoffe darstellten, immens wichtig. Linné fertigte einen umfassenden Katalog der rund dreitausend Pflanzenarten des botanischen Gartens an, für den er ab 1731 ein eigenes Klassifizierungssystem entwickelte. Er war inspiriert von dem französischen Botaniker Sébastien Vaillant, der 1718 in einem Vortrag behauptet hatte, Fruchtblatt und Staubgefäß einer Pflanze seien in ihrer Funktion direkt vergleichbar mit den menschlichen Fortpflanzungsorganen.

Obwohl der Gedanke, dass Pflanzen sexuelle Wesen sein könnten, nicht vollkommen neu war, schockierte er im achtzehnten Jahrhundert die Gesellschaft. Weil die Fortpflanzungsorgane einer Pflanze offensichtlich wichtiger waren als ihre Blüten, entschied Linné, sie als Grundlage seines Klassifizierungssystems zu verwenden. Im Wesentlichen tat er nichts anderes, als die Gedanken verschiedener Naturforscher zu einem einheitlichen System zusammenzufügen. Auf Grundlage Bauhins zweiteiliger lateinischer Namen für Arten formalisierte er die Regeln dieser Benennung. Diese binäre Nomenklatur prägt die Wissenschaft bis heute. Das beste Beispiel dafür ist der *Homo sapiens*. Dieser Name für den Menschen geht ebenfalls auf Linné zurück, der etwa achttausend verschiedene Pflanzenarten selbst benannte und durch die lateinische Bezeichnung bereits existierende Namen vereinheitlichte.

Diese Vereinheitlichung war dringend nötig, denn Pflanzen hatten damals oft lange, beschreibende lateinische Namen.

Der Name der gewöhnlichen Tomate lautete zum Beispiel *Solanum caule inermi herbaceo, foliis pinnatis incises, racemis simplicibus*, was so viel bedeutet wie: »die Solanum mit dem glatten Stängel, der krautig ist und eingeschnittene, gefiederte Blätter hat«.[2] Noch wichtiger aber als die konsequente Namensgebung war das System, mit dem Linné diese neuen Namen organisierte. Er bestimmte vierundzwanzig Klassen, in die er Pflanzen nach Zahl und Form ihrer Staubblätter einteilte, wobei die Fruchtblätter eine untergeordnete Kategorie bildeten.

Er beschrieb dieses System 1735 in seinem Werk *Systema naturæ* und erstellte eine Hierarchie der »Naturreiche« von Tieren, Pflanzen und Mineralien durch aufeinander aufbauende Rangstufen von Klasse, Ordnung, Gattung, Art und Varietät. Linné hatte ein echtes Händchen für das Erkennen von Merkmalen, die auf einen gemeinsamen evolutionären Vorfahren zurückgehen und anhand derer er die Pflanzen ordnen konnte. Zwar wusste er nichts über Evolution, denn es sollte noch über hundert Jahre dauern, bis Darwin seine Evolutionstheorie veröffentlichte, aber er erkannte bereits, dass manche Eigenschaften wichtiger sind als andere. Er entschied, die Fortpflanzungsorgane als Mittel zur Klassifizierung der Pflanzen zu verwenden. Linné selbst nannte das System zwar *Methodus propria*, bekannter wurde es aber als das »Sexualsystem«. Es etablierte sich rasch zur ersten weltweiten Identifizierungsmethode von Pflanzen und Tieren und markierte zudem einen wichtigen Schritt weg von rein medizinischen Pflanzenstudien: Pflanzen wurden um ihrer selbst willen und nicht nur ihrer Nützlichkeit wegen erforscht. Was Linnés System nicht berücksichtigte, waren die natürlichen Verwandtschaftsverhältnisse der Pflanzen. Ihm war sehr wohl bewusst, dass die Kategorien künstlich waren. In der Ordnung

Monandria, Blumen mit nur einem Staubblatt, fanden sich unter anderem Orchideen, Cannalilien und Queller. Die drei Pflanzen haben nichts gemeinsam, außer dass sie zufällig alle nur ein einziges Staubblatt haben. Klasse und Ordnung sagten insofern also nichts über die Eigenschaften der Pflanzen selbst aus. Linné war jedoch davon überzeugt, dass es ein natürliches System gab. Zum einen hatte Gott schließlich die ganze Welt geschaffen, und er musste einen sinnvollen Plan gehabt haben. Linné betrachtete sich selbst als einen »zweiten Adam«, der im Garten Eden allen Tieren ihre Namen gegeben hatte. Sein persönliches Motto lautete: *»Deus creavit, Linnaeus disposuit.«* – »Gott erschuf, Linneaeus ordnete.«[3] Wie sich ein Zeitgenosse beschwerte, hatte er sich eine »ungebundene Herrschaft« über die Natur zu eigen gemacht.[4]

Linné beobachtete selbst, dass manche Tier- und Pflanzenarten ganz offensichtlich eng miteinander verwandt waren. Sonnenblumen gleichen Gänseblümchen mehr als Rosen, und jedes Kind erkennt die Ähnlichkeit zwischen Hauskatzen und Tigern. Das Problem war nur, dass oberflächliche Gemeinsamkeiten zwar leicht auszumachen waren, bei feineren Unterschieden wurde es aber schwierig. Solange also kein natürliches System deutlich wurde, war ein künstliches, so Linné, »völlig notwendig.«[5] Ein natürliches System zu finden erwies sich als umfangreiches Langzeitprojekt, und der Naturforscher war auf mehr Pflanzenmaterial angewiesen. Seiner Meinung nach waren die gemeinsamen Eigenschaften von Gänseblümchen und Sonnenblumen zum Beispiel mit den Gemeinsamkeiten zweier aneinandergrenzender Länder vergleichbar: Eine ähnliche geografische Lage hilft, eine ähnliche Saat und eine ähnliche Landwirtschaft hervorzubringen, fördert Handel und Reise und schafft zum Teil ähnliche Sprachen und Religionen. Eng miteinander verwandte Pflanzen also hatten demnach vermutlich eine ähnliche medizinische Wirkung und andere Gemeinsamkeiten.

Das achtzehnte Jahrhundert war eine Hochzeit der großen Entdeckungen und der Wissensexpansion. Im Verstehen der neuen Länder lag der Schlüssel, um ihre Reichtümer ausbeuten zu können. Dieselbe Logik wandte Linné auch auf die Pflanzenwelt an: Indem er die Pflanzenwelt kartierte und klassifizierte, wollte er die Grundlage dafür schaffen, wertvolle Saatgüter in Schweden anzupflanzen. Dadurch würde Schweden weniger abhängig von Importgütern wie Tabak oder Baumwolle für Stoffe. Seine Heimat hatte keine Überseekolonien, und indem er den Pflanzen neue Namen gab, bescherte Linné Schweden zugleich ein botanisches Reich, mit dem er das Fehlen einer echten Kolonialmacht kompensierte. In seinem 1737 erschienenen Werk *Genera plantarum* befasste er sich schließlich mit der Ausarbeitung eines natürlichen Systems. Die verschiedenen Gruppierungen basierten nicht länger auf der zufälligen gleichen Zahl von Staubblättern, sondern auf Gemeinsamkeiten der Pflanzen. In diesem Buch beschrieb Linné achtunddreißig Orchideenarten aus acht Gattungen: *Orchis, Satyrium, Serapias, Herminium, Neottia, Ophrys, Epidendrum und Cypripedium*. Die letzte Gattung, der Frauenschuh, ist bedeutend, weil sie zwei Staubblätter hat, während alle anderen nur ein Staubblatt haben. Die Zahl der von Linné erfassten Orchideenarten wuchs rasch an. Als er 1753 *Species Plantarum* veröffentlichte, beschrieb er darin zweiundsechzig Orchideenarten. In der zweiten Auflage, zehn Jahre später, verzeichnete er bereits hundertzwei Arten. Bis zu seinem Tod 1778 benannte er insgesamt einhundertdreizehn Orchideenarten.[6]

Linnés Klassifikationsschema hat sich über die Jahre zwar weiterentwickelt, ist aber bis heute in Gebrauch. Noch immer ordnen wir die natürliche Welt in die von ihm benannten Kategorien oder »Taxa« ein: Reich, Stamm, Klasse, Ordnung, Familie, Gattung und Art. Weil der Wissenschaft mittlerweile allerdings bedeutend mehr Lebewesen und Organismen bekannt sind als Linné, wurde zusätzlich die Kategorie der Domäne vor das Reich gestellt. Die Domäne teilt sich in drei Bereiche: Bakterien, Archaeen und Eukaryoten. Während es sich bei den Bakterien und Archaeen um Einzeller ohne Zellkern handelt, umfassen die Eukaryoten alle anderen Lebewesen und lassen sich in vier Reiche unterteilen: Protisten, Fungi, Pflanzen und Tiere.

Orchideen gehören den Pflanzen an. Ihre Zellwände bestehen aus Zellulose, und sie können Fotosynthese betreiben, sind bei der Nahrung also nicht auf andere Organismen angewiesen. Damit heben sie sich von allen anderen mehrzelligen Lebewesen ab. Orchideen besitzen die drei Grundorgane Wurzel, Sprossachse (oder verständlicher: Stängel) und Blatt, womit sie in den Stamm der Gefäßpflanzen fallen. Als Monokotyledonen oder einkeimblättrige Pflanzen gehören sie in die Klasse der Bedecktsamer, denn ihre Samen sind in den Fruchtknoten des Fruchtblatts eingeschlossen. Sie befinden sich in der Ordnung der Spargelartigen und in der Familie, wie wir schon wissen, der Orchideen. Die beliebteste Gattung, in die sich die Familie weiter spaltet, ist die *Phalaenopsis*. Sie zeichnet sich dadurch aus, dass sie nur in die Höhe wächst und keine Seitentriebe ausbildet. Aus der Gattung geht schließlich die Art hervor. Eine der bekanntesten ist in diesem Fall die *Phalaenopsis amabilis*.

Linnés binäre Nomenklatur lässt sich folgendermaßen veranschaulichen: Der zweiteilige Name setzt sich aus dem lateinischen (oder lateinischähnlichen) Gattungs- und Artennamen zusammen. Diese Methode wird bis heute verwendet. Seine schematische Vorgehensweise ist bemerkenswert. Zwar stehen uns heute so hilfreiche Technologien wie Gentests zur Verfügung, die das Klassifizieren von Beziehungen zwischen Organismen erleichtern, aber die Methode, die Dinge nach Struktur und Form zu sortieren, hat sich bewährt: Die genetischen Beweise stimmen oft grob mit unseren eigenen Beobachtungen überein.

Fünfte Station

SEXLAND

Über Jahrtausende wurden Pflanzen als Heilmittel genutzt. Im achtzehnten Jahrhundert wandelte sich das Interesse der Forscher an der Verwendung. Sie waren nun vor allem darum bemüht, eine allgemein gültige Methode zur Klassifizierung von Pflanzen zu finden. Dieser neue wissenschaftliche Zugang zur Botanik fiel mit einer leidenschaftlichen Sexualisierung der Pflanzen zusammen. Linné etwa beschrieb die Bestäubungsprozesse von Pflanzen mit den folgenden Worten:

> »Die Blumen selbst tragen nichts zur Zeugung bei, sondern dienen nur als Brautbett, das der große Schöpfer so herrlich hergerichtet, mit so edlen Bettvorhängen geschmückt und mit so vielen zarten Düften parfümiert hat, damit der Bräutigam mit seiner Braut dort ihre Trauung mit umso größerer Feierlichkeit vollziehen kann. Wenn nun das Bett so vorbereitet ist, ist es für den Bräutigam an der Zeit, seine geliebte Braut zu umarmen und ihr Geschenke zu machen.«[1]

Von Grund auf bauten Linnés Klassifikationen auf sexuellen Unterschieden auf, mit denen die traditionelle Geschlechterhierarchie in die Botanik Eingang fand. Die Zahl der Staubgefäße, die in seinem Sinne den männlichen Fortpflanzungsorganen entsprechen, bestimmten die Klasse einer Pflanze. Die Stempel, gewissermaßen die weiblichen Geschlechtsteile der Pflanze, legten indes die Ordnung fest. Die Klasse steht in der taxonomischen Rangliste über der Ordnung. Linné deutete die Natur, wie die Historikerin Londa Schiebinger bemerkt, »durch die Sicht sozialer Beziehungen, und zwar so, dass die neue Sprache der Botanik gleichermaßen grundlegende Aspekte der sozialen wie der natürlichen Welt beinhaltete.«[2] Botanik war lange Zeit als weibliche Wissenschaft betrachtet worden. Sie war harmlos und eignete sich gut für die schwachen Gemüter von Frauen. Frauen galten als ebenso unverdorben und rein wie die Blumen, und im Gegensatz zur Zoologie wurden in der Botanik keine Tiere getötet. Mütter konnten ihren Kindern etwas über die Schönheit der Natur oder die Weisheit des allmächtigen Schöpfers beibringen.

Aber je mehr sich Linnés Sexualsystem verbreitete, desto mehr wuchs auch die gesellschaftliche Besorgnis um die leicht beeinflussbaren Frauen. Die »geliebte Braut zu umarmen« war womöglich zu viel des Guten. Es waren regelrechte botanische Exzesse, die Linné da entwarf: Blumige Ehemänner kamen mit zahlreichen wohlriechenden Frauen in deren bunten Blütenboudoirs zusammen – ohne jede Sorge um den christlichen Wert der monogamen Ehe! Dass Linné solche Metaphern verwendete, hatte wenig mit dem Wettern gegen gesellschaftliche Normen zu tun. Der Schwede sah fast alles Weibliche als Ehefrau. Die *Dame Nature*, wie er die natürliche Welt nannte, betrachtete er zum Beispiel als seine wahre Gefährtin. Seine eigene Frau, Sara Elisabeth, nannte er »meine *Monandria*-Lilie«. Lilien bedeuteten für Linné Reinheit, und seinem System zufolge hatte die *Monandria* nur einen Ehemann.

Genau genommen ist das Liebesleben der Blumen noch viel wilder, als Linné es darstellen wollte. Denn wie er ja in seinem eigenen System selbst feststellte, haben die meisten Blüten mehr als nur einen »männlichen« Staubbeutel und auch mehrere »weibliche« Fruchtblätter. Linnés monogames Bild vom Liebesleben der Pflanzen, von Bräutigam und Braut, passt darum eigentlich nicht. Vielmehr treiben es, wie der Historiker Jim Endersby es ausdrückte, »mehrere Bräute und Bräutigame in schamlosen botanischen Orgien.«[3]

Dass Carl von Linné dem in seiner Rhetorik jedoch keinen Raum geben wollte, ist wenig überraschend. Als Sohn eines Geistlichen war er äußerst prüde. Er verbot seinen Töchtern sogar, Französisch zu lernen, weil er die Sprache für zu unmoralisch hielt. Die Stellung der Frau und ihre Rolle als Hausfrau und Mutter wurde ganz offensichtlich in die Biologie übertragen.

Von ganz anderem Charakter war dagegen Erasmus Darwin, der Großvater von Charles Darwin. Die Botanik erfreute sich in den 1760er- und 1770er-Jahren einer immer größeren Beliebtheit, was vor allem auf die englische Übersetzung von Linnés Werken aus dem Lateinischen zurückzuführen ist. Vor diesem Hintergrund entstanden zahlreiche Bücher über Botanik für Laien und Kinder. Eins davon war *Botanical Arrangement of all the Vegetables Naturally Growing in Great Britain* (dt.: »Botanische Anordnung aller in Großbritannien natürlich vorkommenden Pflanzenarten«) des Botanikers William Withering. Er versuchte Linnés Latein von seiner sexualisierten Sprache zu befreien. Unter anderem schrieb er im Vorwort des Buches: »Aus der Befürchtung heraus, dass die Botanik in englischer Aufmachung zu einem beliebten Vergnügen der Damen werden würde, [...] hielt man es für angebracht, die geschlechtlichen Unterscheidungen in den Titeln der Klassen und Ordnungen wegzulassen.«[4]

Auch andere Zeitgenossen waren aufgebracht über die sexy Bildsprache bei Linné. William Smellie etwa, einer der Verfasser der ersten Ausgabe der *Encyclopædia Britannica*, beschwerte sich über die »reizenden Verführungen« und warf Linné vor, seine Vergleiche weit über alle »angemessenen Grenzen« hinauszuziehen. Smellie ging sogar so weit zu behaupten, Linnés Bücher würden selbst die Autoren der obszönsten Liebesromane in Verlegenheit bringen.

Erasmus Darwin dagegen feierte die nichtmonogamen Beziehungen in der Pflanzenwelt regelrecht. Er veröffentlichte 1789 eine Übersetzung von Linnés Werk unter dem Titel *The Loves of the Plants* (dt.: »Die Liebschaften der Pflanzen«) und freute sich darüber, dass Englisch eine so viel direktere und ausdrucksstärkere Sprache war als Latein. Das erlaubte ihm, sämtliche erotischen Bezüge noch »aussagekräftiger und klarer« als in der Originalsprache zum Ausdruck zu bringen. Etwas anderes wäre für Darwin Senior kaum infrage gekommen. Immerhin beschrieb er Sex als »der köstliche Tropfen in der sonst so faden Tasse des Lebens«[5] und befand, Sex sei eine Quelle der reinsten Glückseligkeit, eine Tätigkeit, der, wann immer möglich, nachgegangen werden sollte. Darwin kategorisierte in seiner englischen Übersetzung *A System of Vegetables* (dt.: »Ein System von Pflanzenarten«) vierzehnhundert Pflanzen und führte über fünfzig neue Begriffe in die Botanik ein. Dazu gehörten unter anderem »Staubgefäß« und »Stempel«, die sich bis 1796 so sehr durchgesetzt hatten, dass selbst Withering sich gezwungen sah, das Vokabular in späteren Ausgaben von *Botanical Arrangement* und anderen Werken zu übernehmen. Der Versuch, die Botanik von sexualisierter Sprache zu befreien, war ihm misslungen.

Erasmus Darwin revidierte und illustrierte Linnés Klassifizierungsschema 1789 in seinem Gedicht *Loves of the Plants*:

In ihrer blassen Schönheit eroberte Ninon,
Mit unheilvollem Lächeln ihren heitren unerfahrnen Sohn.
In seinen Armen besann sie sich als Mutter,
»Halt ein, du unbesonn'ner Jüngling!
Bezähm dein ruchlos Feuer,
Auf diesem Bett ward deine kindlich Form geprägt,
In meinen Schmerzen warst du geboren dort,
genährt an meiner Brust.«
Er sprang zurück wie angerührt vom Tode,
und mit verstörtem Staunen
Traf ungestüm die Schöne nun sein glühnder Blick;
Auf Knien, die heißen Arme ausgestreckt,
Wandt flüchtig er dem Bett sein schuldbewusstes Auge zu;
Die blasse Stirn zum Himmel reuevoll gehoben
Entrang den bebend' Lippen sich geflüstert fast ein Schwur;
»So sei's, so sei's!«, schrie er und rasend stieß er zu
mit seinem Speer –
Und aus gebrochnem Herzen brach Lieb und Leben
eins in eins hervor.[6]

In dem Gedicht geht es nicht um eine Orchidee, sondern um die Ruhmeskrone, eine Blume aus der Familie der Zeitlosengewächse. Nachdem die Mutterpflanze die inzestuösen Annäherungen ihres Sohnes abweist, stößt sich dieser, gebrochenen Herzens, einen Dolch in die Brust. Was es genau mit diesen Metaphern auf sich hat, darüber streiten sich die Wissenschaftshistoriker. Sind es »charmante Absurditäten«? Oder sind Gedichte wie jenes von Darwin im Kontext der Aufklärung zu betrachten, wobei durch die Sexualisierung der Pflanzen Leser angezogen werden sollten?

Fest steht jedenfalls, dass die gesellschaftliche Wahrnehmung von Sexualität, besonders der weiblichen, stark von der Kirche beeinflusst wurde. Außerdem war die Trennlinie zwischen wissenschaftlichem und lyrischem Schreiben weniger scharf als heute. Rhetorische Ausschmückungen wie Metaphern und Allegorien wurden von den Lesern sogar geschätzt. Man könnte sagen, dass sich Darwin stilistisch an Ovid orientierte, der Blumen in Männer und Frauen verwandelte. Ersterer machte keinen Hehl daraus, weshalb er Gedichte über das Liebesleben der Pflanzen schrieb: »*The Loves of the Plants* bringen mir gutes Geld ein«, erklärte er einmal. »Ich schreibe für Geld, nicht für Ruhm.«[7]

Obwohl bereits die alten Griechen wussten, dass Pflanzen geschlechtlich bestäubt wurden, gaben die Botaniker der Renaissance den Fortpflanzungsorganen erst einmal Namen, die nichts mit ihrer tatsächlichen Funktion zu tun hatten. Das »männliche« Organ wurde *Stamen* genannt, was im Lateinischen den Faden eines Webstoffes bezeichnet. Das »weibliche« Organ hieß *Pistillum*, was auf seine Ähnlichkeit mit einem Stempel hinweist.

Wahrscheinlich wurde das Interesse an der geschlechtlichen Fortpflanzung im Pflanzenreich mitunter von den Entwicklungen in der Zoologie vorangetrieben. Die Pflanzenkundler suchten nach einheitlichen Naturgesetzen und zogen darum Analogien zwischen Tieren und Pflanzen. So übertrug sich das Interesse am Sexualleben der Tiere auch auf das der Pflanzen. Vor allem aber hatte diese neue Entwicklung mit der medizinischen Forschung zu tun, die das Ziel hatte, biologische und soziale Unterschiede zwischen den Geschlechtern festzustellen. Die Wissenschaftler wogen und maßen jeden noch so kleinen Unterschied zwischen Knochen, Haaren, Mündern oder Gehirnen von Männern und Frauen. Philosophen und Denker widmeten sich indes der Frage, was mit den Frauen überhaupt zu tun sei. Im Zuge der Aufklärung genossen die Frauen der Oberschicht auf einmal gewisse sexuelle Freiheiten. Diese wurden zunehmend auch von den Frauen des Dritten Standes gefordert, was die Männer der neu entstehenden Mittelschicht verschreckte. Frauen sollten schließlich nicht als gleichgestellt in die neue Republik eintreten. Dies ließ sich aber recht schlecht mit der Grundannahme der Aufklärung vereinbaren, wonach alle Menschen von Natur aus gleich sind. Der Anspruch der Frauen auf Gleichheit wurde nicht als Frage der Ethik, sondern als eine der Anatomie behandelt. Die ideologische Lösung der Frauenfrage lautete darum, Männer und Frauen würden sich körperlich und geistig so unterscheiden, dass sie sich gegenseitig ergänzten. Damit erschien die Ungleichheit zwischen den Geschlechtern nicht nur natürlich, sondern befriedigte sogar noch die Bedürfnisse der Gesellschaft (oder zumindest jene der Männer) nach einer Fortsetzung der Macht- und Arbeitsteilung.

Dies wirkte sich auch auf die Botanik aus. In der Sprache der Pflanzenkundler tauchten plötzlich sexuelle Bilder an prominenter Stelle auf, und zugleich vergegenwärtigte die botanische Taxonomie die wichtigsten Aspekte der Hierarchie zwischen Männern und Frauen. Linné war weder der Erste noch wird er der Letzte sein, der Frauen mit Blumen vergleicht. Im Katalog einer britischen Orchideengärtnerei war 1872, fast hundert Jahre nach seinem Tod, zu lesen: »Pflanzen sind wunderbar fügsam. Wenn sie vorzeitig sterben, dann nicht an der ›Pflege‹, sondern an Misshandlung, und gerade bei Orchideen, wie bei Frauen und Chamäleons, ist ihr Leben ein Spiegelbild dessen, was sie umgibt.«[8]

Sechste Station

HERBARIUM BASEL

So wie manche botanische Illustration von Margareta Pertl täuschend dreidimensional und lebendig wirkt, könnte die Orchidee auf dem Tisch vor mir ebenso gut eine Zeichnung sein. Sie ist zu blass, zu grau, zu braun, um zur Familie dieser bekanntlich so farbenprächtigen Blumen zu gehören.

Es sind natürlich gerade diese vermeintlichen Mängel, die sie als echte Blume zu erkennen geben. Die im Laufe des Jahrhunderts schwarz gewordenen, leicht angefressenen Blätter, der spröde Stiel, die feinen Adern, die sie durchlaufen. Diese *Ophrys fusca*, wie das Namensschild in der unteren rechten Ecke sie benennt, Braunes Ragwurz auf Deutsch, wurde 1926 auf Korfu gepflückt, nach Basel gebracht, getrocknet und gepresst und auf ein Papier geklebt. Sie ist eine von rund siebenhunderttausend Belegen aus der Natur, die in den Basler Herbarien aufbewahrt werden.

Die Herbarien befinden sich in einem Plattenbau außerhalb des Basler Stadtzentrums. Die grüngrauen Linoleumböden im Innern sprechen von Funktionalität, von Füßen, die den Flur geschäftig auf und ab gehen, von einer Wissenschaft, die weit entfernt ist von dem verklärt romantischen Bild eines tüftelnden Darwin in seinem Gewächshaus. Aber die deckenhohen Regale, die den Flur säumen, erzählen eine andere Geschichte. In ihnen lagern die Herbarbelege, gesammelt über Hunderte Jahre, jeder von ihnen beschreibt eine Pflanze.

Wird eine neue Pflanzenart entdeckt, werden Blüte, Stiel, Blätter und Knollen getrocknet und gepresst, auf Papier geklebt und archiviert. Dazu kommen die Beschreibungen der Pflanze: Wo wurde sie gefunden und wann? Zu welcher Jahreszeit blüht sie? Welche Farbe hat ihre Blüte? Dazu kommen Fotografien und Zeichnungen, um die Pflanze möglichst nachhaltig zu dokumentieren. Im Herbarium wird das Material dann verglichen: Wurde diese Pflanze schon beschrieben und mit einem Namen versehen? Oder handelt es sich um eine neue Art?

Im Grunde arbeitet die Wissenschaft seit Jahrtausenden schon nach dem Motto von Sherlock Holmes: »Wenn du das Unmögliche ausgeschlossen hast, muss das, was übrig bleibt, die Wahrheit sein – wie unwahrscheinlich es auch ist.«[1] Seit der Antike sammeln die Menschen Fakten, legen sie aus, suchen in ihnen nach Mustern und sagen vorher, was noch nicht ist, aber sein könnte. Ohne dieses Was-wäre-wenn-Fragespiel kommt die Forschung nicht voran. Zugleich begründet sie damit auch eine Kultur der Mythen und Diskurse – sowohl wissenschaftliche als auch gesellschaftliche und theologische. Als Menschen wollen wir uns einen Reim auf die Welt machen.

Die Mitte des neunzehnten Jahrhunderts wurde zum wichtigen Wendepunkt der Art, wie die natürliche Welt wahrgenommen wurde: Der britische Naturforscher Charles Darwin veröffentlichte 1859 sein berühmtestes Werk *Vom Ursprung der Arten* und legte damit den Grundstein für die Evolutionstheorie. In der Natur, so Darwin, überleben nur jene Arten von Tieren, Pflanzen und Organismen, die sich am besten an ihre Umgebung anpassen können. Tarnfarben, Paarungsverhalten, die Fähigkeit, extremen Witterungsverhältnissen standzuhalten – die Liste der Wesenszüge, die das Überleben einer Art sichern, ist endlos. Darwin nannte es »survival of the fittest«, was oft irrtümlich mit »Überleben des Stärkeren« übersetzt wird. Gemeint ist das Überleben des Anpassungsfähigeren. Diese Merkmale geben die Arten an ihre Nachkommen weiter. Ein dickes Winterfell, ein buntes Federkleid, ein sich regenerierender Eidechsenschwanz vielleicht. Über Generationen hinweg spezialisieren sich die Arten auf ihre Umwelt und sichern ihr eigenes Fortbestehen. Das nannte Darwin die »natürliche Auslese«. Das Buch war ein sofortiger Verkaufsschlager. Während einige Leser Darwins Theorie für ketzerisch und unglaubwürdig erklärten, akzeptierte die wissenschaftliche Gemeinschaft Darwins Ideen als plausibel. Es waren jene Männer, deren Meinung Darwin besonders schätzte, die mehr Beweise für seine Thesen forderten. Er wollte ihnen zeigen, dass die natürliche Selektion mehr als nur eine Theorie war: Sie war zugleich eine Anleitung zum praktischen wissenschaftlichen Arbeiten.

Ungefähr zur selben Zeit war das gesellschaftliche Interesse an den Orchideen so gestiegen, dass die Blume zum Handels- und Auktionsobjekt wurde. Sie war ein Luxusgut, das sowohl vom Geschmack als auch vom Reichtum seines Besitzers zeugte. Es scheint also kein reiner Zufall zu sein, der Darwin dazu bewegte, 1862 ein weiteres Buch auf den Markt zu bringen: *Die verschiedenen Einrichtungen, durch welche Orchideen von Insekten befruchtet werden*. Auf vierhundert Seiten beschrieb Darwin darin ausführlich die Anatomie und Bestäubungsprozesse von Orchideen. Die Pflanzen waren von den renommiertesten Botanikern und Naturforschern untersucht worden, aber vor Darwin war niemand auf die Idee gekommen, die Funktion ihrer einzelnen Bestandteile zu erforschen.[2]

Die Herbarien in Basel verfügen heute über etwas, was Darwin damals fehlte: die Beweiskraft der Jahrhunderte. Der älteste Orchideenbeleg stammt aus dem frühen siebzehnten Jahrhundert, Belege anderer Pflanzen sind sogar noch älter. Jurriaan de Vos ist Kurator des Herbariums und Senior Scientist am Institut für Umweltwissenschaften der Universität Basel. Ein großer Mann, Mitte dreißig, die langen Haare im Nacken zusammengebunden; der Liebe wegen ist er aus den Niederlanden nach Basel gezogen. Er betreut die Sammlung des Herbariums, Seiten voller getrockneter Pflanzen. Eine ganze Abteilung ist nur den Orchideen gewidmet, die älteste, die mit einer Jahreszahl belegt ist, geht auf 1617 zurück, gesammelt von Jakob Hagenbach.

Auf einem Tisch in einem der hohen Räume liegt eine Auswahl an Herbarbelegen ausgebreitet. Platt gepresste Blüten, Blätter, Stiele und Knollen. »Sie wissen, woher der Name der Orchidee kommt?«, fragt de Vos. »Hier ist er, der Hoden.« Er legt den Finger vorsichtig auf zwei flache dunkelbraune Kreise am unteren Ende eines Stiels. Ich frage ihn, was die Orchidee in seinen Augen so besonders mache. »Die Orchidee ist nicht besonders«, antwortet er. »Nicht besonderer jedenfalls als andere Pflanzen. Aber sie zieht eine Menge seltsamer Leute an.«

»Gut«, sage ich, »aber was passiert denn genau, wenn eine Orchideenart ausstirbt?«

»Das ist natürlich die große Frage.« De Vos überlegt. »Was passiert, wenn eine Art aus dem Ökosystem verschwindet? Sie haben recht, das ist eine große Frage.« Orchideen locken alle möglichen Arten von Insekten an, erklärt er schließlich.

Stirbt eine Orchidee aus, fehlt dem Insekt womöglich plötzlich die nötige Lebensgrundlage. Wer weiß, welche anderen Pflanzen dieses eine Insekt auch noch bestäubt hat? Sterben bestimmte Bestäuber aus, könnte das riesige Folgen für die Nahrungsindustrie haben. Schließlich sind viele Gemüsearten und Früchte auf Befruchtung angewiesen. Abschließend könne das natürlich niemand sagen, meint de Vos. Nicht solange diese Arten nicht ausgestorben sind. Er befasse sich ja nun wirklich nur mit den toten Pflanzen.

Herbarien sind Museen getrockneter Pflanzen. Jeder einzelne Herbarbeleg gibt Auskunft darüber, wo, in welchem Jahr und zu welcher Jahreszeit eine bestimmte Pflanze einmal geblüht hat. Getrocknete Blumen sind Zeitreisende. Sie helfen nicht nur, die Vergangenheit besser zu verstehen, sondern auch Prognosen über die Zukunft zu machen. Und eines muss selbst de Vos den Orchideen lassen: »Ihre Bestäubungssysteme sind Modellsysteme der Evolution der Blüte.«

Darwin war nicht der Erste, der feststellte, dass Orchideen nach Möglichkeit eine Selbstbestäubung vermeiden. Der Grund dafür liegt ihm zufolge in der Evolutionstheorie selbst begründet: Jedes Lebewesen unterscheidet sich von seinen Eltern. Die Variation der Eigenschaften, welche die Nachkommen entwickeln, ist zufällig. Ob sie sich positiv oder negativ auf die Überlebenschancen des Individuums auswirken, lässt sich schwer vorhersagen. Jede Variation, die einem Organismus zum Überleben verhilft, wird an die Nachkommen weitergegeben und sorgt dafür, dass sie sich fortpflanzen können. Kreuzungen bringen in der Regel robustere und gesündere Pflanzen oder Tiere hervor und erhöhen dazu ihre Vielfalt. Sie sind der Schlüssel zur natürlichen Selektion. Im Laufe der Evolution haben sich Insekten und Orchideen so entwickelt, dass sie in vielen Fällen wie Schlüssel und Schloss zueinanderpassen. Das bedeutet, dass oft nur eine bestimmte Insektenart überhaupt in der Lage ist, eine bestimmte Orchideenart zu bestäuben.

Die Orchidee, die Darwins Theorie am besten illustrierte, war die *Angraecum sesquipedale*, die aufgrund ihrer Form Sternorchidee genannt wird. Sie war bereits 1798 von dem französischen Botaniker Louis Marie Aubert Du Petit-Thouars auf Madagaskar entdeckt worden. »Sesquipedale« bedeutet »anderthalb Fuß« und bezieht sich auf die über 30 Zentimeter lange Nektardrüse, die unterhalb der Lippe herabhängt. Sie wurde 1857 das erste Mal nach England gebracht, blieb aber eine Seltenheit. Eine einzelne Pflanze kostete damals mehr als 20 Pfund, was heute rund 14.700 Euro entspräche.[3]

Trotz ihrer Länge sind nur die untersten 4 Zentimeter der Nektardrüse mit Nektar gefüllt, was Darwin in ungemeines Erstaunen versetzte. In einem Brief an einen Freund schrieb er: »Ich habe gerade eine solche Kiste voll von Mr. Bateman erhalten mit der unglaublichen *Angracum sesquipedalia* [sic], mit einer Nektardrüse von einem Fuß Länge – Gütiger Himmel, welches Insekt kann daran saugen?«[4] Nur ein paar Tage später hatte Darwin eine Antwort auf diese Frage. Er beantwortete sie in einem Brief an denselben Freund: »Was für einen Rüssel der Falter, der daran saugt, haben muss!«[5] Andere Blüten mit ähnlichen Farben und Formen wurden von Faltern mit langen Rüsseln bestäubt. Darwins rasche Schlussfolgerung, dass es in Madagaskar einen Falter geben musste, dessen Rüssel lang genug war, um an den Nektar am Ende der Drüse zu kommen, war also nicht aus der Luft gegriffen.

Darwin schob Härchen und Borsten in die Nektardrüse,

um seine Theorie zu prüfen. Es gelang ihm schließlich mit einem zylindrischen Stäbchen, das einen Durchmesser von 2,2 Millimeter hatte, die Pollinien herauszuziehen. Nur ein sehr großer Falter würde diese Orchidee bestäuben können. Die Insektenforscher seiner Zeit belächelten Darwin. Niemand hatte bis dahin einen Falter mit einer solchen Rüssellänge gesehen. Im Jahr 1903, einundvierzig Jahre nachdem Darwin diese These aufgestellt hatte und zwanzig Jahre nach seinem Tod, wurde auf Madagaskar der Sphinxfalter entdeckt, der auf die Beschreibung zutraf. Er bekam den Namen *Xanthopan morganii praedicta*, »praedicta« bedeutet »vorhergesagt« der Zusatz wurde später jedoch wieder entfernt, da der Falter bereits aus Afrika bekannt und beschrieben war. Sowohl der Sphinxfalter als auch die Orchideenart der *Angraecum* sind auf Madagaskar in großer Vielfalt verbreitet. Das beweist, dass Darwins Theorie der Spezialisierung aufgeht: Die Rüssel aller Falter variieren in Länge und Dicke. Es muss in der madagassischen Evolutionsgeschichte daher einen Falter gegeben haben, dessen Rüssel nicht nur länger und dicker, sondern dessen Träger auch erfolgreicher als andere dabei war, die Orchidee mit der langen Nektardrüse zu bestäuben. Dieser Falter begann also diese Orchidee zu bevorzugen, eine Vorliebe, die durch die natürliche Selektion erhalten blieb und an seine Nachkommen weitergegeben wurde. Je stärker sich dieser Falter auf diese Orchidee spezialisierte, desto wahrscheinlicher wurde es auch, dass ihre Pollinien wiederum auf ähnlichen Blüten landeten und der Fortbestand der Orchidee gesichert war. So spezialisierten sich im Laufe der Zeit Insekt und Blume aufeinander, sodass sie inzwischen gänzlich voneinander abhängig sind. Stirbt die eine Art aus, ist dies zugleich das Ende der anderen.

Siebte Station

DOWNE BEI LONDON

Das Haus von Charles Darwin, heute betreut vom britischen Denkmalschutzverband National Heritage Trust, liegt außerhalb der Ortschaft Downe, Teil des Londoner Stadtbezirks Bromley. Efeuranken wuchern an den Hausmauern empor. Darwin hat sie einst gepflanzt, um das Wachstum verschiedener Arten zu untersuchen. Anhand ihrer roten und grünen Blattfärbungen lassen sie sich leicht voneinander unterscheiden. Das Haus ist innen noch immer im Stil der Familie Darwin eingerichtet. Selbst der Hocker, auf dem Darwin gerne am Fenster saß, um seine Forschungen im Licht der hereinfallenden Sonne durchzuführen, steht noch in seinem Arbeitszimmer.

Das Down House steht auf einem acht Hektar großen Gelände: Blumenbeete, Obstbäume, ein kleines Gewächshaus. Es ist schwer, sich Darwin nicht in diesem Grün vorzustellen, zwischen allem, was wächst. Der Garten wird im Südwesten von einem von Bäumen gesäumten Weg, dem »Sandwalk«, begrenzt. Haus und Garten verschwinden hinter dem Dickicht der Büsche und der hohen Bäume, und während seines täglichen Spaziergangs war Darwin häufig so in Gedanken versunken, dass er die Zeit aus den Augen verlor. Um dem abzuhelfen, begann er nach jeder Runde, die er lief, Feuersteine auf den Boden zu legen. Auf diese Weise konnte er prüfen, wie oft er den »Sandwalk« schon auf- und abgegangen war. Seine Kinder versteckten sich manchmal zwischen den Bäumen, warteten, bis Darwin vorbeikam, und verbargen die Steine vor ihm, sodass er völlig das Zeitgefühl verlor.[1]

Darwin nutzte seinen Garten als Freiluftlabor für eine ganze Reihe von Experimenten, bei denen ihm seine Kinder oft helfen durften. Die spielten Krocket und Tennis auf dem Rasen, jagten Haustieren hinterher und rannten durch das knietiefe Gras der angrenzenden Felder. »Die frühen Erinnerungen, die mir in den Sinn kommen, erscheinen mir voller Sonnenschein und Glück […]«, schrieb Darwins Tochter Henrietta Litchfield im Erwachsenenalter in ihren Notizen. »Der Rasen braun geworden, die Gärten eine Farbenpracht, die sechs länglichen Beete vor den Fenstern des Salons, Phloxe, Lilien und Rittersporn in der Mitte und Portulak, Gazanien und andere niedrig wachsende Pflanzen davor, die strahlender aussahen, als es Blumen heute jemals tun.«[2]

Charles Darwin und seine Frau Emma hatten beide eine liberale Erziehung genossen und waren darum selbst ungewöhnlich unbefangen als viktorianische Eltern. Sie respektierten ihre Kinder als Individuen und ermutigten sie von klein auf, sich sowohl bei der Arbeit als auch beim Spielen frei zu entfalten. Von den zehn Kindern, die Emma Darwin zur Welt brachte, waren bei der Geburt mehrere schwach und kränklich. Darwin befürchtete, das könnte daran liegen, dass Emma seine Cousine ersten Grades war. Vermutlich war dies auch einer der Gründe, weshalb er so erpicht darauf war zu beweisen, dass sich die Orchideen in der Natur kreuzweise bestäubten und nur im Notfall zur Selbstbestäubung zurückgriffen. Drei der Kinder starben bereits bei der

Geburt oder im Kindesalter, Verluste, über die Charles Darwin nie ganz hinwegkam.

Darwins Bücher, sowohl *Vom Ursprung der Arten* als auch *Über die Einrichtungen zur Befruchtung britischer und ausländischer Orchideen durch Insekten*, lösten eine weitgreifende theologische Debatte aus. Der Begriff »Schöpfung« (engl.: contrivance) wurde in Darwins Buch so oft erwähnt, dass viele seiner Leser überzeugt waren, Darwin folge der Strömung der Naturtheologie. Ihre Anhänger vertraten die These, dass Perfektion in der Natur, zum Beispiel jene der Orchideen, bewies, dass es einen göttlichen Schöpfer geben musste, der sie geschaffen hatte. Der Pastor William Paley, dessen Werke Darwin sehr schätzte, hatte 1809 geschrieben: »Es gibt keine Schöpfung ohne einen Schöpfer, keine Erfindung ohne einen Erfinder.«[3] Die Tatsache, dass sowohl Blume als auch Insekt vom jeweils anderen profitierten, bewies, dass dieser Schöpfer wohlwollend war. Zudem waren Blumen so entzückend, dass derselbe Schöpfer ohne jeden Zweifel der Gott der Christenheit sein musste – und der war in allererster Linie um das Glück der Menschheit besorgt, dem Meisterwerk seiner Schöpfung.

Darwin wird oft als militanter Atheist dargestellt, dessen Ziel es war, den Glauben an Gott zu unterwandern. Für diese These gibt es jedoch keine Belege. In einem Brief schrieb er einmal, die ganze Frage nach Gott sei »zu tiefgründig für den menschlichen Intellekt. Ein Hund könnte genauso gut über den Verstand von Newton spekulieren – jeder Mensch soll hoffen und glauben, was er kann.«[4] Er war, abgesehen davon, überzeugt, dass Gott und Religion in der Wissenschaft nichts verloren hatten. Um andere Forscher zu überzeugen, dass Orchideen aus einer zufälligen natürlichen Auslese entstanden waren, benötigte er eine durch und durch wissenschaftliche Erklärung für ihr Erscheinungsbild. Die Schlüsselfrage, von der sein wissenschaftliches Arbeiten geprägt war, lautete darum: Wie kann es eine Schöpfung ohne einen Schöpfer geben?

Beim genauen Betrachten der Nektardrüse seiner *Sesquipedale* stellte Darwin fest, dass die Drüse an der Seite vertikale Erhebungen hatte, die den langen Rüssel des Falters in ihre Tiefen führten, ohne ihn zu behindern. Wer ihm nicht glaubte, bemerkte er, solle es mit einer Borste selbst ausprobieren. Dieser Art von Argumentation konnten weder Wissenschaftler noch Orchideenenthusiasten widersprechen. Jeder Hobbygärtner konnte sich mit Darwins Anleitung als Teil der wissenschaftlichen Gemeinschaft fühlen. Nun musste er nur noch beweisen, dass sich Orchideen über Kreuz bestäubten oder nur in seltenen Fällen auf die Selbstbestäubung zurückgriffen. Er erklärte dafür anhand verschiedener Arten, wie perfekt Bestäuber und Blüte zueinander passten. Die brasilianische Fledermausorchidee *Coryanthes speciosa* hat eine eimerförmige Lippe, die sich mit einer zuckerartigen Flüssigkeit füllt. Bienen, die in diesen »Eimer« fallen, bestäuben die Orchidee, wenn sie wieder hinauskrabbeln. Darwin stellte fest, dass, wenn diese Aushöhlung trocken wäre, die Bienen einfach davonfliegen könnten. Sobald aber ihre Flügel feucht sind, können sie nicht mehr fliegen und müssen durch einen schmalen Ausgang kriechen. Dabei berühren sie zwangsläufig die Narbe und bestäuben so die Blüte. Perfektion aber, das wusste Darwin, konnte ebenso gut ein Zeichen göttlicher Schöpfung sein wie das Ergebnis einer evolutionär perfektionierten natürlichen Auslese. Was er brauchte, um seine Theorie zu beweisen, war die Unvollkommenheit.

Der deutsche Botaniker Moritz Richard Schomburgk entdeckte eine Orchidee, deren Aufbau Darwin besonders faszinierte. Sie hatte drei vollkommen unterschiedliche Blüten, die an einem einzigen Stiel wuchsen. Sie waren nicht nur gänzlich verschieden, sondern schienen auch zu drei verschiedenen Arten zu gehören, wie Schomburgk glaubte: *Catasetum tridentatum, Monachanthus viridis* und *Myanthus barbatus*. Als Darwin die Blüten jedoch untersuchte, stellte er fest, dass es sich keineswegs um drei unterschiedliche Arten handelte, sondern um drei verschiedene Formen derselben Art. Die Blüte mit dem Namen *Catasetum tridentatum* hatte ein Staubgefäß, aber keine Narbe. Die *Monachanthus viridis* dagegen hatte eine Narbe, aber kein Staubgefäß. Und die *Myanthus barbatus* war ein Hermaphrodit mit Narbe und Staubblatt. Im Grunde handelte es sich bei allen drei Formen um eine Orchidee der Art *Catasetum tridentatum*, aber die Blüten sahen so unterschiedlich aus, dass die Wissenschaftler sie nicht nur als drei verschiedene Arten verstanden, sondern sie auch in unterschiedliche Gattungen einordneten. Für Darwin zeigte die *Catasetum tridentatum* anschaulich auf, wie sich die verschiedenen Geschlechter entwickelt hatten. Und vielleicht war sie der wichtigste Beweis in seiner Suche nach Unvollkommenheit: »Jedes einzelne Detail der Struktur, das die männlichen Pollenmassen charakterisiert, ist in den bloßen Rudimenten der weiblichen Pflanze vertreten, wobei einige Teile übertrieben und einige Teile leicht verändert sind.« Warum sollte ein Gott seine Geschöpfe mit nutzlosen Überbleibseln von Organen ausstatten, die sie niemals brauchten und die auf eine Evolutionsgeschichte hinwiesen, die es nie gegeben hatte? »Ernste und gelehrte Männer«, schrieb Darwin, »haben früher behauptet, dass solche nutzlosen Organe keine durch Vererbung zurückgebliebenen Überbleibsel sind, sondern von einer allmächtigen Hand speziell geschaffen und an ihrem richtigen Platz angeordnet wurden, wie Geschirr auf einem Tisch, ›um den Plan der Natur zu vervollständigen.‹«[5] Und weiter fragte er:

> »Können wir uns damit zufriedengeben, dass jede Orchidee genau so, wie wir sie jetzt sehen, nach einem bestimmten ›Idealtypus‹ erschaffen wurde; dass der allmächtige Schöpfer, nachdem er sich auf einen Plan für die ganze Ordnung festgelegt hatte, nicht von seinem Plan abwich; dass er also dasselbe Organ verschiedene Funktionen ausüben ließ – oft von geringfügiger Bedeutung im Vergleich zu seiner eigentlichen Funktion –, andere Organe in bloße zwecklose Rudimente umwandelte und alle so anordnete, als müssten sie getrennt stehen, und sie dann zusammenhalten ließ?«[6]

Nein, Darwin glaubte vielmehr, dass Orchideen, wie alle Lebewesen, von einem gemeinsamen Vorfahren abstammen mussten. Diese These wurde inzwischen durch DNA-Studien belegt.

Der natürlichen Auslese fehlt die Voraussicht. Die Variationen in der Natur entstehen nicht aus einer Not heraus, sondern sind zufällig. Alle Veränderungen der Orchideenformen, glaubte Darwin, waren ein Resultat der Natur, die nur immer die Auswahl zwischen jenen Variationen hatte, die gerade entstanden waren. Wenn eine bestimmte Veränderung in irgendeiner Weise von Vorteil für die Pflanze war, konnte die natürliche Selektion nur mit den vorhandenen Variationen arbeiten. Genauso gut konnte jede Variation an jedem Punkt der Evolution stehen bleiben, weil sie vielleicht gerade in dem

Moment für die Pflanze nützlich war. Die meisten der komplexeren Veränderungen dienen der Fortpflanzung der Blume, aus der Sicht jedes Organismus' die allerwichtigste Fähigkeit. Pflanzen entwickelten sich nach und nach zu verschiedenen Familien, die unterschiedliche Überlebensstrategien haben. Sie sind ein Resultat der verschiedenen Variationen, die bei ihren Vorfahren vorgekommen sind. Der daraus hervorgehende evolutionäre Erfolg ist zwar erklärbar, aber die ursprünglichen Variationen sind allein durch Zufall entstanden.

Die natürliche Auslese hat schon immer engere Verbindungen zwischen bestimmten Insekten und Orchideen bevorzugt. Das führt dazu, dass manchmal nur eine einzige Insektenart eine bestimmte Orchideenart bestäuben kann. Es ist natürlich möglich, dass eine Insektenart seltener auftritt oder sogar ausstirbt, was dann auch das Ende einer Orchideenart bedeuten kann. Doch die natürliche Selektion blickt nicht in die Zukunft.

Die Frage, warum Orchideen oft wie Insekten aussehen, blieb für Darwin unbeantwortet. Der Naturforscher und ein Zeitgenosse Darwins, St. George Jackson Mivart, störte sich an dieser Frage. Daher konfrontierte er Darwin. Mivart fand, die Ähnlichkeiten seien viel zu auffallend, um unbeabsichtigt zu sein. Er war Katholik und überzeugt, Gottes Werk in der Entwicklung der Orchideen entdeckt zu haben. Darwin hatte keine befriedigende Antwort für ihn. Die Ähnlichkeit, die manche Orchideen mit Insekten teilten, meinte er, sei wahrscheinlich zufällig und sowieso viel zu übertrieben: »Die Ähnlichkeit ist fantasievoll; die Blumen sehen seltsam aus, und Insekten sind der natürlichste Vergleichsmaßstab.«[7]

***

Es ist erst früher September, aber Down House ist umgeben vom ersten Hauch von Herbst. Die Brise ist kühl, der Himmel ein träges Grau. Auf dem Boden liegen die ersten gefallenen Blätter. Blutweiderich, Kugeldisteln, Hibiskus und Hagebutte wuchern in den Beeten, die entlang eines schmalen Kiespfads angelegt sind, der vom Wohnhaus wegführt. Das Anwesen ist von einer Steinmauer umgeben. Die eingelassenen Tore stehen offen und geben den Blick frei auf eine kleine Parkanlage mit Picknickbänken und Schatten spendenden Bäumen. Im Sommer muss es hier von Familien, Touristen und Schulklassen wimmeln. Aber an diesem Nachmittag ist alles leer.

Anfang der 1860er-Jahre errichtete Darwin ein kleines Gewächshaus in seinem Gemüsegarten. Farne und Gras haben es fast eingeschlossen, als ich daran vorbeikomme. Im Innern stehen lange Tischreihen, vollgestellt mit Blumentöpfen, aus denen bunte Blüten ragen. Darwin hatte versucht, tropische Pflanzen in einem Pflanzenkasten im Salon seines Wohnhauses aufzuziehen, aber der Kasten war bald zu klein, und die Pflanzen gingen ein. Das Gewächshaus bot die besseren Bedingungen für ihr Wachstum. Zwei lange Tischreihen erstrecken sich über die gesamte Länge des Gewächshauses, und die schrägen Glasdächer fangen die Sonnenstrahlen auf. Darwin füllte das Gewächshaus mit Pflanzen, die ihm sein Freund Joseph Hooker, Direktor der Kew Gardens, zukommen ließ. In einem Brief ließ Darwin ihn wissen: »Sie können sich nicht vorstellen, welche Freude mir Ihre Pflanzen machen. Ich gehe und ergötze mich an ihnen.«[8] Dieselben Pflanzen, an denen Darwin seine Experimente durchführte, stehen auch heute noch in dem Gewächshaus, lauter Blumentöpfe, aus denen bunte Blüten ragen.[9]

Ich gehe weiter, immer weiter weg vom Haus, und nehme eine Sprachnachricht für eine Freundin auf. Die Orchideen haben viel Zeit in Anspruch genommen, und ich habe oft das Gefühl, mein Kopf sei übervoll von Fragen und Ideen. Dann vergesse ich auf Nachrichten zu antworten. Aber der Garten ist ruhig und hat auch eine beruhigende Wirkung auf mich. Vor einem Beet voll orangefarbener Blumen bleibe ich stehen. Mich entzückt, wie sie gegen das stürmische Grau des Nachmittagshimmels leuchten, und ich beschreibe sie der Freundin. Irgendwann lache ich in das Mikrofon, als ich mich dabei ertappe, wie ich allmählich zur Blumennärrin werde.

Darwins Sandwalk wurde am Ende des Gemüsegartens entlang der südwestlichen Grenze des Anwesens angelegt. Weil Darwin ihn bekanntlich jeden Tag auf und ab lief, erhielt er in den 1930er-Jahren den Spitznamen »Denkpfad«. Während ich dem tatsächlich sandigen Weg folge, entdecke ich plötzlich kleine Gitter auf beiden Seiten, unter denen sich Pflanzen befinden. Ich grinse. Das kann nur eins bedeuten. Und tatsächlich: Darwins tägliche Spazierstrecke ist gesäumt von der Violetten Stendelwurz. Diese Orchideen, deren wissenschaftlicher Name *Epipactis purpurata* lautet, blühen von spät im Juli bis September – eine Zeit, in der nicht mehr viele andere Blumen ihre Blüten geöffnet haben, sodass sie kaum Konkurrenz haben. Wespen bestäuben die Pflanzen, putzen aber den Großteil der Pollen von ihrem Körper, bevor sie zu einer anderen Pflanze fliegen. Daher hat sich die Violette Stendelwurz so angepasst, dass sie einen giftigen Nektar produziert, der die Wespen benebelt. Dies erschwert es den Tieren, sich zu reinigen, und führt dazu, dass mehr Pollen zu anderen Orchideen getragen wird. Die

Gitter schützen die Blumen vor Dieben, denn wie viele wilde Orchideenarten sind auch sie auf dem Schwarzmarkt heiß begehrt.

Darwins Evolutionslehre entstand nicht in einem Vakuum, sondern draußen in der Natur vor seinem Haus. Und das macht seine Wissenschaft seltsam intim, die Tatsache, dass er im selben Haus forschte, in dem seine Kinder ihm Streiche spielten. In einer Videoinstallation, die ich im Haus anschaue, erklären Wissenschaftler und Nachfahren, was Darwin für sie bedeutet. Die Beiträge sind ebenso eigenartig berührend wie die orangefarbenen Ringelblumen, vor denen ich im Garten stehen geblieben bin: »Wir sind Teil einer Biosphäre«, sagt ein Mann. »Darwin hat unser Verständnis davon verändert, was es bedeutet, ein Mensch zu sein!«

Als ich das Haus schließlich durch die Seitentür beim Souvenirshop verlasse, fällt mir eine Tafel auf, die an der mit Efeu bewachsenen Hauswand lehnt. Auf ihr hat jemand mit Kreide ein Zitat von Darwin geschrieben: »Obwohl ich nicht glaube, dass eine Pflanze wächst, wo kein Same gesät wurde, habe ich großes Vertrauen in einen Samen. Überzeuge mich, dass du einen Samen hast, und ich bin bereit, auf Wunder zu hoffen.«

***

Orchideensamen sind die kleinsten im ganzen Pflanzenreich. Sie sind fein wie Staub, wiegen ein Millionstel Gramm und können vom Wind Hunderte Kilometer weit getragen werden. Dadurch verbreiten sie sich in die ungewöhnlichsten Winkel dieser Welt. Die Pflanze braucht außerdem kaum Kraft, um die Samen zu erzeugen. (Zum Vergleich: Der größte Samen der Welt kommt von der Seychellenpalme und wiegt bis zu dreißig Kilogramm.) Gleichzeitig können diese Samen aber kaum Energie speichern, um zu einer neuen Pflanze heranzuwachsen. Sie sind gezwungen, direkt nach dem Keimen an Energie zu kommen. Im Falle der bei uns heimischen Erdorchideen gelingt dem Samen das unter der Erde. Hier ist er zwar geschützt, kann aber keine Fotosynthese betreiben, mit deren Hilfe er Sonnenlicht in wertvolle Nahrung umwandelt. Orchideensamen sind darum auf zusätzliche Unterstützung angewiesen. Und die erhalten sie in Form eines sogenannten Mykorrhizapilzes. Er geht eine Symbiose mit der Pflanze ein und spaltet große Moleküle wie Cellulose in einfachen Zucker – so wird der Samen mit Nährstoffen versorgt. Ohne Mykorrhiza können Orchideen nicht keimen. Nur so haben die winzigen Samen überhaupt die Chance, lange genug zu überleben, dass ihnen Blätter wachsen und sie Fotosynthese betreiben können.

Manche Orchideensamen sind bereits mit einem Mykorrhizapilz verbunden, wenn sie sich verteilen, andere sind auf einen glücklichen Zufall angewiesen. Trotz der vielen Tausenden von Samen, die eine einzelne Orchideenblüte hervorbringt, ist die Erfolgsrate der Keimung sehr klein. Aus ungefähr fünfzigtausend Samen entsteht nur eine Pflanze.[10]

Zu Beginn des zwanzigsten Jahrhunderts nahmen Orchideensammler den Rückgang zahlreicher Arten wahr. Die Pflanzen, befürchteten sie, mussten unmittelbar vor dem Aussterben stehen. Sie galten als zu stark spezialisiert und nicht anpassungsfähig. Wahrscheinlich, so die Züchter und Forscher, war ihr Platz in der Natur ins Wanken geraten. Orchideen, behauptete ein Autor, seien vergleichbar mit den »schillernden Motiven in der Entwicklung einer nationalen

Kunst«.[11] Extravaganz in der Kunst markiere den Niedergang einer Gesellschaft, und auf dieselbe Weise seien auch übermäßig auffällige und fantastische Auswüchse in der Tier- und Pflanzenwelt ein Anzeichen von Dekadenz und ihrem damit verbundenen Aussterben.

Der französische Botaniker Noël Bernard hatte Ende des neunzehnten Jahrhunderts die Verbindung der Orchideenwurzeln mit dem Mykorrhizapilz entdeckt. Bis ins zwanzigste Jahrhundert hinein war das für viele Botaniker ein deutliches Indiz für den dekadenten Lebensstil der Orchideen. Der Orchideenexperte William Stearn bezeichnete Orchideen als »angeberische Blumenkapitalisten, die von den verborgenen, unergründlichen Machenschaften der Pilze abhängig sind«.[12] Und der britische Botaniker Hermann Reinheimer verglich die Wurzeln der Orchideen in den 1930er-Jahren mit allmählich faulenden Zähnen, die zu lange nur weiche Nahrung zu kauen bekommen hatten.[13] Der Rückgang im Bestand der wilden Orchideen erinnerte viele Leute an den Zerfall des Römischen Reiches. Fast wie die Römer in ihrem schrumpfenden Reich schienen auch Orchideen eher auf Orgien aus, anstatt sich fortzupflanzen. Und: Genau wie die Römer hielten auch sie Sklaven – den Mykorrhizapilz! Diese Abhängigkeit von billigen Arbeitskräften musste sie schwächen, wie der dekadente Lebensstil auch die Römer verweichlicht hatte, die doch einst so männlich und kriegerisch gewesen waren.

In Wirklichkeit bringt die Beziehung zwischen Mykorrhizapilz und Orchidee Vorteile für beide Seiten. Aber die moralischen Wertvorstellungen der Wissenschaftler hatten einen großen Einfluss auf die angebliche Objektivität ihrer Arbeit. Im Gegensatz dazu beschrieb der Orchideenbiologe

Oakes Ames von der Harvard University Orchideen als äußerst hoch entwickelte Blumenfamilie. »Das herausragende Merkmal der Orchideen, das als Zeichen der Dekadenz gilt«, bemängelte er, »ist die üppige Samenausbeute bei gleichzeitig spärlicher Verteilung. Dies scheint auf eine nachlassende Fähigkeit hinzuweisen, mit kräftigeren Pflanzen zu konkurrieren.«[14] Ames war überzeugt davon, dass Orchideen durchaus stark und vor allem anpassungsfähig waren. Um seine These zu belegen, führte er das Beispiel des Krakatauvulkans auf dem gleichnamigen indonesischen Archipel an, der 1883 ausgebrochen war und fast alles Leben auf der Insel zerstört hatte. Doch nur fünfzehn Jahre später begannen unter anderem ausgerechnet Orchideen als Erstes wieder auf der Insel zu wachsen. Oakes legte dies als Fähigkeit der Blumen aus, sich im Kampf ums Überleben sehr wohl behaupten zu können. Ihre winzigen Samen waren in diesem Fall ihr großer Vorteil gegenüber anderen Gewächsen. Sie mögen keine Nährstoffe in sich tragen und äußerst verletzlich sein, aber sie sind so leicht, dass sie zu den ersten Pflanzen gehören, die an einen neuen Lebensraum getragen werden. Er stellte fest, dass 32 Prozent der Pflanzen, die wieder auf Krakatau zu wachsen begannen, von Java und Sumatra, zwei benachbarten Inseln, angeweht worden waren. Vier Prozent davon waren Orchideen, fünf Prozent Gräser und acht Prozent Gänseblümchen. Die Orchideen konnten sich in Gesellschaft der robustesten und am weitesten verbreiteten Pflanzenfamilien behaupten.[15]

Achte Station

MADAGASKAR

Die Eisdiele, in der ich während meines Studiums in Bern gearbeitet habe, hat die schrägsten Eissorten in ihrem Sortiment: Himbeer-Ingwer, Erdbeer-Balsamico, Gurke-Minze. Die Kundinnen und Kunden kommen oft direkt vom Baden in der Aare in noch tropfenden Badeanzügen an die Vitrine, die Geldbeutel in wasserundurchlässige Drybags gestopft. Die Gelateria di Berna ist in der Region bekannt für ihre experimentellen Eissorten, und ich schöpfte erstaunlich viel Gurkeneis in Cornettos und Pappbecher, während alte Klassiker wie Schokolade und Vanille im Vergleich nur selten über die Theke gingen. Leute, die doch Vanilleeis bestellten, entschuldigten sich häufig für ihre »langweilige« oder »mutlose« Wahl.

»You're so vanilla«, heißt es im englischen Sprachgebrauch, wenn eine Person als besonders durchschnittlich beschrieben wird. Banker benutzen den Begriff »vanilla« für risikofreie Investitionen, und die amerikanische Punkband NOFX schrieb 1993 ein Lied mit dem Namen »Vanilla Sex«. Darin heißt es im Refrain: »So stay in your missionary position / I hope that you got bored to death / There's no way I'm going through life / Having vanilla sex«[1] – »Deshalb bleibt in eurer Missionarsstellung / Ich hoffe, dass ihr euch zu

Tode langweilt / Ich werde auf keinen Fall durchs Leben gehen / Mit Vanillasex«. Dass Vanille mit Sex in Verbindung gebracht wird, hat eine jahrhundertealte Tradition. Nur galt das Gewürz lange Zeit nicht als der Inbegriff für Langeweile, sondern war, im Gegenteil, bekannt für seine angeblich aphrodisische Wirkung. Vanille war eine beliebte Zutat in den frühen Kakaogetränken der Azteken und Mayas im vorspanischen Mexiko. Es gibt zwar keine Belege dafür, dass diese indigenen Völker Vanille tatsächlich als Aphrodisiakum nutzten, aber in Europa kursierte der Glaube bis ins späte achtzehnte Jahrhundert. Im Jahr 1766 schrieb der deutsche Arzt Casimir Medicus: »Nicht weniger als 342 impotente Männer haben sich durch das Trinken von Vanillebrühen in erstaunliche Liebhaber von mindestens ebenso vielen Frauen verwandelt.«[2] Schenkt man Medicus Glauben, war der Vanillasex in diesem Fall wohl alles andere als durchschnittlich.

Als Vanille im sechzehnten Jahrhundert nach Europa kam, waren die Tropen gerade erst entdeckt worden. Und in der Vorstellung vieler Europäer waren sie die Verkörperung von Sinnlichkeit. Neue, fremde Gewürze wurden aus heißen Ländern importiert, und Geschichten von schönen dunkelhäutigen Frauen machten die Runde. Alles daran war aufregend und magisch. Die Vanille ist die einzige Orchidee, deren Früchte wir essen können und die als Nutzpflanze gehandelt wird. Aber den wenigsten Menschen ist bewusst, dass das Gewürz überhaupt eine Orchidee ist und dazu noch eine sehr ungewöhnliche. Die meisten Orchideen wachsen entweder unter der Erde (terrestrisch), auf Bäumen (epiphytisch) oder auf Steinen (lithophytisch). Die Vanille jedoch ist eine Kletterorchidee und gehört in zwei Kategorien gleichzeitig: Ihre Ranken wachsen an Bäumen und Büschen empor, an denen sie sich mithilfe ihrer Wurzeln festhält. Die viele Meter langen Lianen hängen über die Äste und fallen zurück auf den Boden, wo sie unterirdische Wurzeln schlagen. Sind sie lang genug, wachsen sie an einem nächsten Baum als Epiphyten wieder hoch.

In den Tropen wachsen mindestens hundertfünfzig verschiedene Arten von Vanille. Viele davon sind in Asien und Afrika heimisch, aber die einzigen Arten, deren Früchte wir essen können, kommen aus Lateinamerika. Von den fünfzehn bekannten Vanillearten, die überhaupt aromatische Kapseln liefern, werden nur drei Arten wirtschaftlich genutzt: *Vanilla planifolia, Vanilla pompona* und *Vanilla tahitensis*.

Die Gewürzpflanze war den indigenen Völkern Lateinamerikas längst bekannt, als die spanischen Conquistadores im fünfzehnten und sechzehnten Jahrhundert auf dem Kontinent ankamen. Die Azteken nannten die Pflanze *Tlilxóchitl*, was als »schwarze Blume« übersetzt werden kann. Die erste Erwähnung in der westlichen Literatur fand die Vanille 1552 in dem Buch *Libellus de Medicinalibus Indorum Herbis*, dem »Kleinen Buch über die Heilkräuter der Indianer«, das bald nach seiner Fertigstellung nach Rom gelangte.[3] Bekannter ist es vor allem unter dem Namen *Badianus Manuscript*. Es ist nicht nur die älteste erhaltene Aufzeichnung der aztekischen Pflanzenkunde, sondern enthält auch den ersten Beleg einer Orchidee aus Amerika – der Vanille. Sie revolutionierte das wissenschaftliche und gesellschaftliche Verständnis von Orchideen in Westeuropa. Über fünfzehnhundert Jahre hinweg hatten sich die Eigenschaften von Orchideen, wie sie in der Antike beschrieben worden waren, nicht verändert. Die Schriften von Theophrastos und Plinius dem Älteren wurden von Gelehrten im Laufe der Jahrhunderte immer wieder neu gewälzt, kommentiert und interpretiert; mit der Entdeckung Amerikas wurde für die Europäer nicht nur die Welt ein ganzes Stück größer, sondern auch die Palette an Pflanzen und Tieren, die bis dahin niemand in Europa beschrieben hatte. Die Vanille und die vielen anderen Gewächse, die mit dem *Badianus Manuscript* ihren Weg nach Europa fanden, markierten das Ende eines jahrhundertelangen naturkundlichen Auf-der-Stelle-Tretens.

***

Das Jahr 2021 ist das Jahr des langen Winters, der tief hängenden Wolken und der coronabedingten Kontaktbeschränkungen. Die Kälte hält bis in den Mai an, und auch die Reiserestriktionen werden nur schwach gelockert. Obwohl die Anzeichen auf etwas ganz anderes deuten, halte ich in diesen langen Wochen und Monaten an dem Glauben fest, ich würde spätestens nach Ostern nach Madagaskar reisen und Vanilleplantagen besuchen können. Ich wollte Sonne auf meiner Haut spüren und auf das Meer blicken und das Gefühl haben, die Welt reiche weiter als nur bis zu der rauschenden Hauptstraße, die unter meinem Fenster vorbeizieht. Je länger sich Pandemie und Lockdown zogen, desto mehr verabschiedete ich mich von der Vorstellung, den Frühling auf einer afrikanischen Insel zu verbringen. Stattdessen googelte ich nach Vanilleproduzenten in Europa. Einen Sonnenbrand, dachte ich, kann ich mir schließlich auch in Italien oder Griechenland holen. Aber anstelle von Betreibern südeuropäischer Vanilleplantagen stieß ich auf Filip van Noort, einen Anbauspezialisten an der Universität Wageningen in den Niederlanden.

Die Niederlande sind der weltweit zweitgrößte Exporteur landwirtschaftlicher Produkte, nur die USA sind noch größer.[4] Es ist darum nicht verwunderlich, dass van Noort mit einem kleinen Team 2012 das Projekt NederVanille gestartet hat, um weniger vom Import abhängig zu sein. Sein Ziel lautet, Vanille kommerziell in niederländischen Gewächshäusern anzubauen. Gleichzeitig könnte das kleine Dorf Bleiswijk, wo seine Vanillestauden wachsen, nicht weniger an die tropischen Herkunftsländer der Pflanze erinnern. Bleiswijk liegt eine zwanzigminütige Busfahrt von der Nordseestadt Den Haag entfernt. Die Gewächshäuser der Universität Wageningen stehen etwas versetzt an einer stark befahrenen Hauptstraße. Hier wachsen neben Vanille auch verschiedene Blumenarten, Papayas, Ingwer und Kurkuma, es werden Experimente mit verschiedenen Lichtarten und -stärken durchgeführt und Bestäubungserfolge unterschiedlicher Insekten dokumentiert.

Gewächshäuser sind eigenartige Orte. Sie imitieren die verschiedensten Klimaregionen und alle möglichen Lichtverhältnisse exotischer Länder, sie riechen nach Blumen, nach Kompost, nach Urwald, nach Erde und der Farbe Grün. Aber mit ihren weißen Wänden, gläsernen Schiebetüren und metallenen Regalen und Labortischen nehmen sie jede Illusion, dass es sich hier tatsächlich um einen Tropenwald handelt.

Filip van Noort redet mit erfrischender Nüchternheit über seine Projekte. Ebenso trocken ist sein Humor, der immer mehr zutage tritt, je länger er über Vanille spricht. Er führt mich durch die Gänge, vorbei an Räumen mit verschiedenen Pflanzen. »Das ist einer von meinen«, sagt er und deutet durch ein Fenster auf einen kleinen Blumendschungel.

»Offensichtlich«, fügt er mit Nachdruck hinzu. Sein Gesichtsausdruck bleibt dabei so ernst, dass ich nicht sicher bin, ob mir eine wichtige Information entgangen ist. Nach Vanilleranken sieht es da drin jedenfalls nicht aus. Als ich nachfrage, verzieht sich sein Mund zu einem Grinsen. »Tja, weil es so unordentlich ist!« Er zeigt mir die Blumen, die auf Hawaii für die berühmten Blumenkränze verwendet werden, Kaffee- und Kakaostauden und schließlich, in einem eigenen Raum, die Vanillen.

Mehrere Meter lang hängen sie über Metallstangen wie ein dicker grüner Vorhang. An manchen der Lianen sind bereits deutlich die Schoten zu erkennen. Sie sind grün, gute zwanzig Zentimeter lang und manche von ihnen fast zwei Finger breit. Sie schrumpfen im Laufe des Reifungsprozesses zwar ein ganzes Stück zusammen, aber van Noort berichtet stolz, auch andere Besucher hätten ihn bereits auf ihre ungewöhnliche Größe angesprochen.

»Woran liegt das?«, frage ich.

»Meine einzige Aufgabe ist es, eine optimale Situation für die Pflanzen zu schaffen. Ich bin zuständig für Licht, Wasser und Wärme. Und um ehrlich zu sein, ist das sehr herausfordernd.«

Ein Jahr zuvor habe ich die Orchideengärtnerei Wichmann in Celle besucht, in der man die *Vanilla planifolia* für 18 Euro als Zimmerpflanze kaufen kann. Ich hätte gerne eine Vanillepflanze in meinem WG-Zimmer gehabt, denn von allen Orchideenarten schien sie mir die ungewöhnlichste zu sein. Was mich schließlich davon abhielt, eine zu kaufen, waren die Pflegehinweise auf der Webseite: »Die tropische Pflanze liebt ganzjährig warme Temperaturen von mindestens 18 Grad Celsius und eine hohe Luftfeuchtigkeit von etwa 80 Prozent. Besser als im Wohnzimmer gedeiht sie daher in einem Gewächshaus.« Außerdem solle man sie alle sieben Tage »mit kalkfreiem Leitungswasser oder Regenwasser durchdringend«[5] gießen. Aber selbst wenn man die Pflanze einigermaßen erfolgreich am Leben hält und sie vielleicht sogar zur Blüte bringt, ist es noch mal eine weitere Herausforderung, aus den grünen Bohnen, die sie trägt, schrumpelige schwarze Schoten zu machen, die nach etwas riechen, das man gerne in Weihnachtsgebäck verarbeiten würde.

»Na, so schwierig ist das eigentlich nicht.« Van Noort zuckt mit den Schultern, als ich ihm davon erzähle. »Zumindest nicht, wenn man weiß, wie's geht. Und das tue ich. Ich frage mich bloß, wie ich es noch besser machen könnte!« Vanille ist das arbeitsintensivste landwirtschaftliche Produkt der Welt. Sie blüht am frühen Morgen und verwelkt bereits am Vormittag wieder, wird sie nicht bestäubt, stirbt sie am Nachmittag ab. Van Noort muss die Pflanzen im Frühjahr, zur Blütezeit der Vanille, jeden Morgen auf frische Blüten prüfen und sie dann von Hand bestäuben. »Es ist ironisch«, sagt er, »denn je besser ich das mache, desto mehr Arbeit habe ich im nächsten Jahr, weil es dann umso mehr Blüten gibt!«

Wenn die Stecklinge sechs bis acht Meter lang sind und es genügend Humus im Boden und Regen vom Himmel gibt und auch die Temperatur stimmt, blühen die Lianen innerhalb von vierzehn bis achtzehn Monaten. Häufiger jedoch dauert es bis zu drei Jahre, bis die Reben zum ersten Mal Blüten treiben. Nach der Bestäubung beginnt der Fruchtknoten an der Unterseite der Blüte zu schwellen, und innerhalb von sechs Wochen wächst die Frucht auf ihre volle Länge an. Sie ähneln nun einer sehr großen grünen Bohne. Im Oktober und November sind die Schoten reif zur Ernte. Man erkennt das an der gelben Farbe, die sie dann annehmen. Während dieser Zeit werden die Früchte jeden Tag geprüft. Die Schoten haben weder Geschmack noch Aroma – werden sie zu früh gepflückt, riskiert man, dass sie beides nicht entwickeln. Werden sie hingegen gepflückt, wenn sie zu reif sind, spalten sie sich auf, Samen und Geschmack gehen verloren.

Während der nächsten drei Monate werden die Schoten getrocknet und ausgehärtet. »Es ist nicht wirklich ein Fermentierungsprozess«, erklärt van Noort. »Fermentieren würde bedeuten, dass ich etwas hinzufüge, um die schwarze Schote zu bekommen – das muss ich in diesem Fall nicht tun.« Als Erstes muss er die Schoten »abtöten«. Dazu legt er sie für drei Minuten in heißes Wasser bei 63° Celsius. Danach lässt er sie bei einer Temperatur von 40° Grad und 95 Prozent Luftfeuchtigkeit vier bis fünf Tage schwitzen. Vor allem aber fangen sie endlich an, charakteristisch nach Vanille zu riechen. Der Trocknungsprozess wiederum findet bei 30° Celsius und 60 Prozent Luftfeuchtigkeit statt. In dieser Zeit verlieren die Früchte bis zu 75 Prozent ihres ursprünglichen Gewichts und werden dunkelbraun, ölig und biegsam.

»Vanille darf nur sehr langsam trocknen, darum dauert das Ganze auch so lange. Die Enzyme müssen den Stoff Glucovanillin nämlich zu Glukose und Vanillin verarbeiten.« Vanillin (oder $C_8H_8O_3$) ist der Hauptaromastoff der Vanille und nur eine von vielen Chemikalien, die in ihr vorkommen.[6] In dieser komplexen chemischen Zusammensetzung liegt auch das Geheimnis ihrer sinnlichen Anziehungskraft.

Wenn die Schoten, wie van Noort sagt, im heißen Wasser »abgetötet« werden, bricht die Struktur der Zellwand. Das löst eine Enzymreaktion aus. Ferulasäure wird abgebaut und schließlich in Vanillin und Vanillinsäure umgewandelt. Schoten, die zu schnell getrocknet werden, entwickeln nur geringe Mengen an Vanillin. Dies tritt auch in den Trocknungsprozessen der Natur auf, wenn die Schote einfach an der Pflanze gelassen wird. Die Schoten der *Vanilla planifolia* spalten sich aber dabei und verlieren sowohl die Samen als auch ihren Geruch. Bevor es so weit kommt, müssen die Schoten also geerntet sein. Von der Bestäubung bis hin zur fertig verarbeiteten Schote vergehen ungefähr anderthalb Jahre.

Was Filip van Noort im Kleinen in einem holländischen Gewächshaus macht, passiert im großen Stil auf Plantagen im Indischen Ozean. Denn während Mexiko zwar als Geburtsort der Vanilleindustrie gilt, ist der weltweit größte Produzent heute Madagaskar, eine Insel vor Afrikas Südostküste. Im Jahr 2020 produzierte das Land 2.975 Tonnen Vanille. Danach folgte Indonesien mit 2.306 Tonnen, und »nur« 589 Tonnen kamen noch aus Mexiko.[7]

Bis ins achtzehnte Jahrhundert hinein war Vanille in vielen Teilen Europas zwar ein beliebtes Gewürz in Kakaogetränken, Gebäck und Fleischsoßen – allerdings wusste niemand, dass die Pflanze eine Orchideenart ist, geschweige denn, wie man sie bestäuben und vermehren kann. Außerhalb der traditionellen Vanilleproduktion in Lateinamerika war eine kommerzielle Industrie darum gar nicht möglich. Die Pflanzen selbst am Leben zu halten, war eine Herausforderung, weshalb sie auch nur selten in botanischen Gärten vorkam. Der renommierte Jardin du Roi in Paris hatte in den 1750er-Jahren mehrere Vanillestauden, die alle im Gewächshaus gut zu gedeihen schienen, aber keine Früchte trugen. Das stellte die europäischen Gärtner und Botaniker vor ein großes Rätsel. Es war schließlich ein Sklavenjunge, der 1839 den Dreh der Vanillebestäubung rausbekam. Der zwölfjährige Edmond Albius gehörte dem französischen Amateurbotaniker Ferréol Bellier-Beaumont auf der Insel La Réunion im Indischen Ozean.[8]

Als die *Vanilla planifolia* in den 1820er-Jahren von französischen Kolonialisten dort eingeführt wurde, trug sie keine Früchte. Das lag daran, dass ihr natürlicher Bestäuber, vermutlich die in Mexiko beheimateten Prachtbienen, außerhalb der amerikanischen Tropen nicht vorkommen. Ein Verfahren der künstlichen Bestäubung wurde zwar in den 1830er-Jahren an der Universität Lüttich in Belgien entwickelt, aber es war langsam und für große Plantagen nicht lukrativ genug. Bellier-Beaumont hatte Edmond Albius die Grundlagen der Orchideenbestäubung beigebracht. Vermutlich von Neugier getrieben, probierte Edmond irgendwann dieselbe Technik bei einer Vanilleblüte aus: Er hob mit einer Bambussprosse das Rostellum an, eine Membran, die zwischen den beiden Fortpflanzungsorganen der Blüte sitzt. Dann legte Edmond das Pollinium auf die Oberfläche der Narbe. Nur wenige Tage später wuchs als Beweis der erfolgreichen Bestäubung die erste Vanilleschote. Seine Entdeckung revolutionierte die weltweite Vanilleindustrie. Bis dahin hatte das Monopol vollständig in den Händen der Spanier gelegen, doch das änderte sich, da andere Exporteure ins Spiel kamen. Schon 1867 konnten 20 Tonnen Vanilleschoten von La Réunion exportiert werden – 1898 waren es bereits 200 Tonnen. [9] Das spanische Monopol war gebrochen.

Edmond Albius' Methode, die Vanilleblüten von Hand zu bestäuben, verbreitete sich rasch auch auf den benachbarten Inseln. Ab 1866 wurde Vanille auf den Seychellen und auf

Mauritius angebaut und 1870 schließlich in verschiedenen Regionen auf Madagaskar. Heute produziert die Insel rund die Hälfte der weltweit natürlichen Vanille und exportiert bis zu 2.000 Tonnen Vanilleschoten im Jahr. [10] Bis im späten neunzehnten Jahrhundert stammten 80 Prozent der 30 Tonnen Vanille, die jedes Jahr nach Europa gebracht wurden, aus französischen Kolonien. Länder wie der Kongo, Indien, Ceylon (heute: Sri Lanka) und sogar die USA versuchten, Plantagen anzulegen, aber das Projekt stellte sich für viele Unternehmer als zu arbeitsintensiv heraus.[11]

Die Pflanze kann nur im Radius von 25 Grad auf beiden Seiten des Äquators richtig gedeihen. Sie braucht genügend Regen und Schutz vor der tropischen Sonne. Auf den Plantagen müssen darum stützende Bäume stehen, an denen sie emporwachsen kann und die ihr lebensnotwendigen Schatten spenden. Aus diesem Grund wird Vanille fast nur in Ländern angebaut, in denen sowohl die nötigen landwirtschaftlichen Gegebenheiten als auch genügend billige Arbeitskräfte vorhanden sind. Plantagenarbeiterinnen bestäuben jeden Tag bis zu dreitausend Blüten von Hand.[12] In der Regel üben diese Arbeit Frauen und Kinder aus, weil sie die kleineren Hände haben und besser an die Pollen gelangen können.

***

Wenn ich heute an die Arbeit in der Eisdiele in Bern zurückdenke, kommt in mir noch immer ein Gefühl von Sommer auf. Der Hitzestau hinter der Eisvitrine, die weiß-rosa-braunen Flecken auf der Schürze, der Schweiß in meinem Nacken – und gleichzeitig diese ansteckende Freude der

Menschen, die in der glühenden Augustsonne zwanzig Minuten angestanden haben für zwei Kugeln Eis. Fünfjährige pressen ihre offenen Münder gegen das Vitrinenglas, als wollten sie das ganze Eis in einem Zug inhalieren. Vierzigjährige verziehen unglücklich das Gesicht, wenn das Nutellaeis an einem Sonntagabend ausverkauft ist. An manchen Abenden klopfen Leute noch kurz vor Mitternacht an die Türen der längst geschlossenen Gelateria in der Hoffnung, die Putzkraft möge ihnen noch ein allerletztes Eis geben – selbst wenn es nur ein bescheidenes Vanilleeis ist!

Eis ist fast überall auf der Welt aus der Sommerkultur nicht mehr wegzudenken. Und auch wenn viele Leute Vanilleeis als »klassisch« oder sogar »langweilig« bezeichnen, ist gerade die Eisproduktion ein wichtiger Grund, weshalb die Nachfrage nach natürlicher Vanille immer größer wird.

Sorbetähnliches Speiseeis gab es bereits im antiken China. Der griechische Arzt und Gelehrte Hippokrates verschrieb Wassereis sogar seinen Patienten. Aber die Geschichte des modernen Speiseeises ist dem industriellen Fortschritt im neunzehnten Jahrhundert zu verdanken. Dampfkraft, mechanische Kühlung, elektrische Motoren und neue Gefriertechniken erleichterten nicht nur die Herstellung von Eis, sondern auch dessen Aufbewahrung. Lange Zeit wurde Speiseeis aus einer Mischung von Rahm, Zucker, Eiern, Salz und Vanille hergestellt. Es wurde in einer dünnen Metallschale verrührt und daraufhin in einem Becken voller Eiswürfel gekühlt. Im Jahr 1846 patentierte die Amerikanerin Nancy Johnson das vermutlich erste Handkurbeleisgefriergerät: Ein s-förmiger Spachtel in einem großen Behälter kratzte die Seiten sauber ab und verhinderte so, dass sich Eiskristalle bildeten. Das Eis wurde dadurch cremiger, der ganze

Prozess lief schneller ab. Das Gerät war mit 300 US-Dollar außerdem günstig genug, dass es sich auch mittelständische Haushalte leisten konnten.[13]

***

Drei Jahre nachdem ich meine Verkaufsschürze an den Nagel gehängt habe, treffe mich mit Simon Apothéloz in der Gelateria di Berna, wo er die Produktion überwacht. Es ist einer der letzten wirklich warmen Spätsommertage. Die Aare ist 20 Grad warm, und schon morgens kann ich die ersten Badenden im klaren Wasser des Flusses erkennen. In ein paar Stunden wird die Schlange vor der Gelateria lang sein.

Apothéloz hat die Vanille bereits auf dem Tisch ausgebreitet. Sie ist mitsamt der Schote gemahlen worden und liegt nun vakuumverpackt vor uns: feinste Bourbonvanille. »Ist es nicht unglaublich«, bemerkt er, »dass der Vanillegeruch durch dieses verschweißte Plastik dringen kann?« Apothéloz ist einer der kreativen Köpfe der Gelateria und sorgt für das ungewöhnliche Sortiment, kümmert sich um die Optik in der Vitrine, passt Rezepte an und prüft regelmäßig die Eiskonsistenz.

Ich erzähle ihm von meiner Erfahrung im Verkauf – er schüttelt lächelnd den Kopf. Er glaube nicht, dass die Leute Vanille wirklich so langweilig finden, wie sie manchmal behaupten. »Vanille ist einzigartig. Es gibt nichts, was sie in irgendeiner Weise nachmachen oder ersetzen könnte. Aber sie ist den Menschen nun einmal sehr vertraut.« Es gibt wohl kaum eine vielseitigere Lebensmittelzutat als Vanille. Sie ist unter anderem in Schokolade, Gebäck, Pharmazeutika, Kaugummis, Milchprodukten und Kosmetikartikeln. Sie verleiht dem überwiegenden Geruch eine komplexere Note.

»Vanille-Gelato ist für mich ein Qualitätsmesser«, meint Apothéloz. »Geschmacklich muss ich eine schön balancierte Vanillenote wahrnehmen, die mir erlaubt, auch die anderen Zutaten herauszuschmecken. Äußerlich muss ich die Punkte sehen. An ihnen erkenne ich, ob nur die Samen verarbeitet wurden oder die ganze Schote – oder ob nur Extrakt im Produkt ist.« Viele Lebensmittelhersteller greifen auf künstliche Vanillearomen zurück, weil die um ein Vielfaches günstiger sind als der natürliche Grundstoff. Tests von Aromenherstellern haben ergeben, dass viele Personen den Unterschied zwischen echter und künstlicher Vanille gar nicht erkennen. Viele von ihnen bevorzugen sogar den künstlichen Vanillegeschmack, einfach weil er ihnen vertraut ist.

Die Bourbonvanille, die in der Gelateria di Berna verarbeitet wird, kommt von einem biologischen Betrieb in Madagaskar. Im siebzehnten Jahrhundert stand die Nachbarinsel La Réunion unter französischer Herrschaft und wurde von König Ludwig XIII. nach dem französischen Adelsgeschlecht Bourbon benannt: Île de Bourbon. Nach kolonialen Rangeleien mit den Briten heißt die Insel seit 1848 wieder La Réunion. Doch der Name der Bourbonvanille besteht seither und ist ein Qualitätsmerkmal. Tatsächlich ist der Name geschützt und darf nur verwendet werden, wenn die Vanille auf Madagaskar, La Réunion oder den Komoren angebaut wird.

Vermutlich wird die Nachfrage nach natürlicher Vanille in Zukunft sogar noch steigen. Vanille ist zum Beispiel auch Zutat in Coca-Cola und anderen Softdrinks. Diese Getränke haben eine sehr sorgfältig konstruierte Geschmacksidentität, dafür werden Aromastoffe aus ausgehärteten Vanilleschoten gewonnen.

Die Kunst der Geschmacksproduktion ist eine Industrie für sich und hat weltweit einen geschätzten Jahreswert von 16 Milliarden US-Dollar. Der Marktführer in diesem Bereich ist unter anderem das in der Schweiz ansässige Unternehmen Givaudan, das gemeinsam mit seinem amerikanischen Konkurrenten International Flavors and Fragrances einen Jahresumsatz von mehr als 4 Milliarden Dollar erzielt. Lieferanten von Aromen, Hersteller von Konzentraten und Lebensmittelunternehmen sind auf echte Vanille angewiesen. Qualitativ hochwertige Schoten finden sie oft mithilfe von Maklern, aber insgesamt scheint der ganze Prozess sehr von Geheimnissen umhüllt zu sein.

Gesetzliche Normen sollen zwar die Herstellung von Vanilleextrakt regeln, dennoch sind Lebensmittelhersteller oft zurückhaltend, wenn es darum geht, Einzelheiten über ihre Zutaten preiszugeben. Eine Vorschrift lautet zum Beispiel, dass Vanillelösungen nur aus *Vanilla planifolia* oder *Vanilla tahitensis* gemacht werden dürfen. Für eine einfache Lösung müssen Hersteller hundert Gramm Vanille auf einen Liter 35-prozentigen Alkohol verwenden. Kommerzielle Eisproduzenten benötigen aber die vierfache Lösung mit der vierfachen Menge an Vanilleschoten auf einen Liter Alkohol. Viele Produzenten steigen, um Kosten zu sparen, auf einen künstlichen Ersatzstoff um, der in der Regel aus Vanillin besteht. Diese Chemikalie kommt in Vanilleschoten vor. Sie kann aber auch aus anderen Stoffen gewonnen werden, zum Beispiel aus Steinkohlenteer. Synthetisch hergestelltes Vanillin ist die weltweit häufigste Aromastoffverbindung. Der Durchschnittspreis für reinen Vanilleextrakt lag 2019 bei etwa 20 US-Dollar für 0,23 Liter, hochwertige Produkte können sogar noch teurer sein. Synthetisches Vanillin in gleicher Menge kostet dagegen nur etwa 7 US-Dollar.[14]

Auch in der Parfümindustrie spielt Vanille eine wichtige Rolle. Sie kommt etwa in Shalimar von Guerlain und Chanel N°5 vor. »Vanille hat einen geheimen Charme, eine Kraft, die Geschmäcker und Aromen gleichermaßen hervorzurufen. Sie kann sanft, erhaben oder sinnlich sein und hat die Palette der Parfümeure erobert.«[15] So der Parfümeur Jean-Paul Guerlain. Anstelle von Vanilleextrakt sind die Hersteller auf sehr hohe Aromakonzentrate angewiesen. Für hochwertige Düfte wird Vanilla Absolute verwendet, das pro Liter etwa 5.000 US-Dollar kostet. Diese Lösung wird mit flüssigem CO_2 oder Kohlenwasserstofflösungsmitteln extrahiert. Dadurch entsteht eine Flüssigkeit, die in Ethanol löslich ist. Synthetisches Vanillin dagegen kostet höchstens 20 Dollar. [16] Das zeigt, dass auch in der Parfümindustrie die teureren Produkte mit größerer Wahrscheinlichkeit echte Vanille beinhalten.

***

Zurück in Bleiswijk marschiere ich mit Filip van Noort vom Gewächshaus in die Universitätsmensa. »Eine Frage, die mir Journalisten immer stellen«, sagt er, »ist, ob durch mein Gewächshaus Bauern in ärmeren Ländern nicht ihr Einkommen verlieren würden.«

Ich runzle die Stirn. »Tun sie das?«

»Es ist eine große Welt. Wir müssen anfangen, nachhaltiger zu produzieren. Und wenn ich etwas lerne, kann ich es vielleicht weitergeben.«

Dafür, dass Vanille auf der ganzen Welt so beliebt ist, gibt es erstaunlich wenig Forschung zu ihrem Anbau selbst. Von den meisten Pflanzenprodukten kann man erwarten, dass ihre Qualität dieselbe ist wie die der Mutterpflanze. Hat die Mutterpflanze zum Beispiel Früchte getragen, werden das auch die Klone tun. Aber dafür muss man die Pflanze über eine lange Zeit beobachten und Protokolle führen. Wie reagiert sie auf Licht und auf Temperatur? Unter welchen Bedingungen, wann und wie lange blüht sie zum ersten Mal? Blüht sie unter den gleichen Bedingungen ein zweites Mal?

Van Noort stellt sich jeden Tag viele Fragen, und an ihre Antworten zu kommen, kann Jahre dauern. »Solange eine Pflanze gut wächst, sehen die Züchter keinen Grund, aufwendige Anbauprotokolle zu führen. Stecklinge zu produzieren ist einfach. Aber niemand hat sich bisher die Mühe gemacht, gute Pflanzen, die lange leben und viele Früchte produzieren, auszusortieren und zu fördern.«

Auf Madagaskar, wo 80 Prozent der weltweiten Vanilleproduktion stattfindet,[17] ist ihr Anbau längst Teil einer streng reglementierten Produktionskette. Die Bauern, jene Menschen, die Vanille anbauen und ernten, stehen dabei auf der untersten Hierarchiestufe. Im Gegensatz zu dem niederländischen Experten haben sie nicht die Ressourcen, Protokoll über das Wachstum ihrer Pflanzen zu führen. Seit 2006 entscheiden die madagassischen Behörden über den Zeitpunkt der Ernte. Den Bauern bleibt nur eine Woche, um die gesamte Ernte eines Jahres einzubringen. Das ist eine kurze Zeitspanne, bedenkt man, dass die Ernte von Mai bis zum Januar des Folgejahres dauern könnte. Die Vanillebauern verkaufen ihre grünen Schoten an Zwischenhändler, die sie trocknen und aushärten und dann weiter an die Exporteure vertreiben. Sie sind es, die die wirklich großen Gewinne im Vanillegeschäft machen, darum werden sie auch »Vanillionäre« genannt.

Da die Bauern von den Zwischenhändlern abhängig sind, können sie keine hohen Preise für ihre Ernte verlangen. Der Preis wird nicht wie früher von der madagassischen Regierung reguliert, sondern vor Ort ausgehandelt. Weil die internationale Nachfrage den Marktpreis bestimmt, weigert sich die Regierung, Mindestpreise für Vanille festzulegen. Die Preise sind großen Schwankungen ausgesetzt. Sie können in nur wenigen Wochen um mehr als 20 Prozent steigen oder sinken.[18] Einer der Gründe dafür ist der freie Markt, aber dazu kommt auch, dass diese Nische außergewöhnlich klein ist. Ein einziger Wirbelsturm kann die gesamte Ernte in Madagaskar vernichten. Gleichzeitig steigt die Nachfrage nach natürlicher Vanille – unter anderem deshalb, weil Unternehmen angefangen haben, auf künstliche Geschmacksstoffe zu verzichten. Die schwankende Diskrepanz zwischen Nachfrage und Angebot hat die Vanillepreise in den letzten Jahren in die Höhe schnellen lassen. Zwischen 2014 und 2019 ist der globale Vanillepreis um 1.000 Prozent gestiegen,[19] und für eine kurze Zeit war Vanille tatsächlich teurer als Silber nach Gewicht.[20]

Den Bauern, von denen sehr viele in extremer Armut leben, kommt der steigende Vanillepreis nicht zugute. Rund die Hälfte der Menschen in den Anbaugebieten haben weder Zugang zu fließendem Wasser noch Elektrizität. Dank des höheren Einkommens können sie sich feste Häuser bauen. Einige kaufen sich vom Erlös der Vanille Solarpanels und Autos. In einem einzigen Jahr haben viele Bauern so ein ganzes Lebenseinkommen verdient. Die hohe Nachfrage treibt den Preis jedoch nicht nur für die europäischen Verbraucher in die Höhe, sondern auch für die Exporteure.

Steigen die Preise mit jedem Jahr, müssen sie mehr Geld investieren, um die gleiche Menge des Rohstoffes zu erhalten. Das macht es ihnen unmöglich, ihr Geschäft auszubauen.

Lange lag die Kontrolle über den Vanillemarkt bei französischen Exporteuren. Inzwischen werden sie allerdings immer stärker von chinesischen Investoren verdrängt, die in den 1990er-Jahren nach Madagaskar gekommen sind. Infolge eines Militärputschs 2009 stellte die EU die Subventionen für madagassische Vanille ein. So blieb dem Land nichts übrig, als chinesische Geschäftsleute anzuwerben und ihnen im Gegenzug für ihre Investitionen steuerfreie Exporte und Immobilien anzubieten. Diese Investoren sind an der Spitze der Produktionskette als Großhändler tätig. Sie haben keinerlei Anbaukenntnisse, aber dafür kaufmännische Fähigkeiten: Sie organisieren Lieferungen, machen sie verkaufsfertig und entscheiden, an wen und zu welchem Preis die wertvollen Schoten gehen. Sie bringen Kontakte und Vertriebsketten mit, während madagassische Arbeiter für sie die Vanille produzieren – oft zu einem Tagessatz von einem Euro und ohne Arbeitsverträge.[21]

Mit der steigenden Nachfrage und der Hoffnung auf mehr Profit bauen viele Bauern ihr Land für den Anbau aus. Das passiert auf Kosten der Wälder, die großflächig gerodet werden. Selbst die steilsten Hügel in Madagaskar sind bebaut; neben Vanille, die 35 Prozent des Exports ausmacht, werden auch Reis, Bananen, Ananas angepflanzt. 90 Prozent von Madagaskars Reptilien, Säugetieren und Pflanzen kommen nirgendwo sonst auf der Welt vor. Ein Großteil ihrer biologischen Vielfalt ist durch den Verlust von Lebensräumen gefährdet. Dabei wären Vanilleplantagen sogar eine mögliche Lösung für den Schutz der Wälder.

Die einfachste und herkömmliche Form des Vanilleanbaus ist, Setzlinge einer bestehenden Rebe in einen Wald zu verpflanzen. Bäume stützen die Ranken, damit sie an ihnen emporwachsen können, und das Blätterdach bietet ihnen Schutz vor zu viel Sonnenlicht. Die Rebe bildet Luftwurzeln aus, die ihr helfen, sich an dem Baum oder Busch festzuhalten. Anstatt bestehende Wälder dafür zu nutzen, werden jedoch große Flächen Land gerodet, um darauf die Stützbäume, auch Tutorenbäume genannt, zu pflanzen. Darüber hinaus werden Pfosten und Zementpfeiler errichtet, um die Ranken zu stützen. Nachhaltige und umweltfreundliche Bewirtschaftung des Bodens hat sich hier noch nicht durchgesetzt, während die Bauern unter härtesten Bedingungen arbeiten.

Dass der Handel mit Vanille ausgesprochen einträglich sein kann, wissen auch Wilderer. An jedem Spross hängt bis zu einem Kilo Vanilleschoten – Kriminalität zahlt sich aus. Für die Bauern ist der Verlust ihrer Vanilleernte verheerend: Ohne das Einkommen fehlt ganzen Familien die Lebensgrundlage für den Rest des Jahres. Es bedeutet wenig Essen und kein Geld, um die Kinder zur Schule schicken zu können. Bereits drei Monate vor der Ernte übernachten die Bauern darum mit Macheten auf ihren Feldern. Weil der staatliche Schutz fehlt, greifen sie zur Selbstjustiz, und immer wieder kommt es dazu, dass Vanillediebe von ihnen getötet werden. Um den Dieben zuvorzukommen, ernten viele Bauern die Schoten, bevor sie reif sind. Dadurch verschlechtert sich deren Qualität, was ihre Preise senkt, während die Preise für qualitativ hochwertige Vanilleschoten weiter ansteigen. Und nicht nur Diebe beeinflussen die Qualität der Vanille negativ. Weil der Prozess des Trocknens und Aushärtens so langwierig ist, tauchen manche Zwischenhändler die Schoten nur so lange ins heiße Wasser, bis die sie die typische dunkelbraune Farbe annehmen, und lassen sie danach nicht länger als ein paar Tage trocknen.

Steht Quantität über Qualität, kommt das allerdings nur den Zwischenhändlern zugute. Die Einnahmen der Bauern haben sich seit den Zweitausenderjahren um die Hälfte verringert. [22] Stürzt der madagassische Vanillemarkt ein, verschwindet mit ihm die Lebensgrundlage einer ganzen Bevölkerungsschicht.

Van Noorts Gewächshausprojekt könnte eine Antwort auf die große Nachfrage nach natürlicher Vanille sein. Aber es ist noch ein langer Weg, bis Vanille aus dem Gewächshaus ins Supermarktregal gelangen wird. Bisher gibt es zu wenig Forschung dazu, wie die Vanilleranken am besten gedeihen können. »Ich kenne Leute«, van Noort gluckst dabei vergnügt, »die haben Erdbeeren und Tomaten im Gewächshaus angebaut und gedacht, das sei total einfach, weil sie die Pflanzen auf dem Feld schon seit dreißig Jahren herangezogen hatten. Doch im Gewächshaus gelten ganz andere Regeln.« Dort hat der Gärtner die Kontrolle über sämtliche Faktoren. »Draußen weißt du, da scheint die Sonne, sie geht auf und unter, die Lichtverhältnisse verändern sich dauernd. Im Gewächshaus bin ich dafür verantwortlich, das Licht zu dimmen oder heller zu machen. Ich muss die ganze Zeit darüber nachdenken, wie ich es besser machen könnte, um das Wachstum der Pflanze und die Blütezeit noch zu verbessern. Und das macht Spaß!«

Die Fragen, die sich van Noort im Moment stellt, betreffen vor allem den Profit, den sein Vanilleprojekt generieren kann. Seit er 2012 mit der Aufzucht begonnen hat, sind die

Preise für Vanille massiv gestiegen. Das bedeutet, dass er auch die Ernte aus seiner Produktion zu einem höheren Preis verkaufen können wird. Das war eine der Bedingungen, dieses Experiment überhaupt anzugehen. Der Unterhalt eines Gewächshauses ist teuer, jeder Quadratmeter kostet, jede Pflanze, die keine Früchte trägt, ist ein Verlust. Ein guter Klon trägt maximal zweihundert Schoten pro Pflanze. Aber die ertragreichen Pflanzen muss van Noort erst finden. Dann ist da noch die Frage der Bestäubung: In der Regel dauert es mindestens anderthalb bis zwei Jahre, bis die Vanille zum ersten Mal blüht. Das ist eine lange Zeitspanne. Tropische Früchte und Gewürze sind bei uns längst so selbstverständlich geworden, dass wir sie uns auch außerhalb ihrer Saison wünschen. Erdbeeren zu Weihnachten. Orangen im Sommer. »Ich will versuchen, die Blütezeit der Vanille zu verlängern«, erklärt van Noort. »Ich möchte versuchen, sie im Januar oder Februar zum Blühen zu bringen. Das wäre ein guter Anfang. Und dann müsste jemand ein Unternehmen gründen, um die Schoten zu verkaufen. Wir könnten verschiedene Arten produzieren!« Seine Augen leuchten. »Ich werde das nicht machen, aber irgendjemand sollte es tun. Die Qualität dieser Bohnen, die gibt es im Supermarkt nicht zu kaufen.«

Nur kurze Zeit nachdem van Noorts Vanillepflanzen zum ersten Mal blühten und Früchte trugen, brach eine Wurzelkrankheit aus und zerstörte fast den gesamten Bestand. »Das ist Forschung.« Er zeigt mir ein Foto des Gewächshauses aus den besseren Tagen. Es ist voller grüner Lianen, wie ein kleiner Urwald auf 18 Quadratmeter. Bis zu zweihundert Schoten wuchsen an einer einzigen Pflanze. »Ich weiß nicht, ob das das Maximum ist«, sagt er. »Aber es ist viel.« Bei meinem Besuch sind es vergleichsweise nur wenige Vanillepflanzen, sie stehen fast übersichtlich zwischen den anderen Gewächsen, mit denen sie sich den Raum teilen.

Filip van Noort legt einen kleinen Plastikbeutel mit den Vanilleschoten der ersten Ernte von 2018 auf den Tisch. Eine Schote ist bestimmt 15 Zentimeter lang und so breit wie mein Daumen. Die Schoten riechen sogar durch das versiegelte Plastik, ihr Duft durchdringt die Vakuumverpackung. Und jede von ihnen riecht irgendwie anders. »Die hier«, van Noort zeigt auf die große Schote, »die gibt es im Handel nicht. Riech daran, sie ist besonders!« Ich drücke meine Nase an die eingeschweißte Schote. Sie riecht unverkennbar nach Vanille, aber irgendwie würziger und intensiver. Was es wohl ist, frage ich, das den Geruch von Vanille für alle Menschen so betörend macht?

»Stell dir vor«, erzählt van Noort, »letztes Jahr, da lernte ich eine Frau kennen, die von einem anderen Planeten gewesen sein muss.« Er serviert auch diese Anekdote mit einem absolut ernsten Gesichtsausdruck, und wieder bin ich nicht sicher, was mich erwartet. »Die«, fährt er fort, »mochte doch tatsächlich keine Vanille!«

***

Aus Langeweile google ich an einem regnerischen Sonntagmorgen nach Buchtiteln, in denen das Wort »Vanilla« vorkommt. Ich erwarte Backbücher und kitschige Liebesromane, die in niedlichen britischen Bäckereien spielen. Und die tauchen auch auf – nebst einem Genre, das sich passenderweise »Cozy Mystery« nennt und in dem offenbar Menschen zwischen Vanillekipferl und Cupcakes umgebracht werden. (*Death by Vanilla Latte* klingt meiner Meinung nach sehr vielversprechend.) Aber erstaunlich viele der Bücher tragen Titel wie *His Vanilla Sub, Vanilla on Top* oder *Hardcore Vanilla* und handeln von Sexspielen. Der Begriff »Vanillasex« wird in Bondage- und SM-Kreisen verwendet, um konventionellen Sex zu beschreiben. Es fällt nicht schwer sich vorzustellen, worum sich die Handlung dieser Bücher dreht und dass »Vanilla« vermutlich gar nicht so langweilig ist, wie die amerikanischen Punks in ihrem Song proklamierten.

Der amerikanische Duftforscher Dr. Alan Hirsch führte Experimente durch, um das erotische Potenzial verschiedener Gerüche zu testen. Dabei fand er heraus, dass Vanille tatsächlich die Fähigkeit hat, bei schlafenden Männern den unwillkürlichen Blutfluss in den Penis zu erhöhen. Eine ähnliche Wirkung haben allerdings auch zahlreiche andere Gerüche. Besonders beeindruckend, so Hirsch, seien die Resultate bei Kürbiskuchen.[23]

Auch wenn ihre Wirkung als Aphrodisiakum bei der Vanille fraglich ist, spiele ich noch immer mit dem Gedanken, mir eine *Vanilla planifolia* für mein Wohnzimmer anzuschaffen. »Du würdest sie am Leben halten können«, versichert mir van Noort. »Aber glaub mir, sie würde keine Früchte tragen.«

»Wegen der Temperatur?«

»Weil Vanille erst blüht, wenn sie eine bestimmte Biomasse erreicht hat. Wenn die Ranke nicht mindestens acht Meter lang ist, bringt sie keine Blüte hervor.«

Ich lache. »Ach«, entgegne ich, »wer braucht schon einen Fernseher!«

Ein Grinsen huscht über Filip van Noorts Gesicht, bevor er sich wieder den Vanilleschoten im Vakuum zuwendet.

Neunte Station

SIRNACH IN DER SCHWEIZ

Lange Zeit war meine einzige Assoziation mit Orchideen Elvira, die Frau meines Vaters. Sie besaß früher eine ganze Menge von lila und weißen *Phalaenopsis*-Gewächsen, und ich erinnere mich, dass ich ihr einmal, ich muss schon im Teenageralter gewesen sein, dabei helfen durfte, die Pflanzen zu baden. Ich trug jeden Topf einzeln vom Wohnzimmer in die Küche und sah ihr zu, wie sie die Pflänzchen sorgsam herausnahm und sie in warmem Wasser badete. Sie redete mit sanfter Stimme auf sie ein, liebevoll, als würden sie sie verstehen. »Das macht ihr gut«, versicherte sie ihnen behutsam. »Ihr blüht wunderschön.« Sie ließ ihre Finger ganz vorsichtig über die zarten Blütenblätter streichen, fast als würde die Berührung sie sonst zerbrechen lassen. Ich half Elvira gerne dabei. Ich fühlte mich auserkoren, bei einer ganz besonderen und wichtigen Aufgabe zu assistieren: die Pflege ihrer Orchideen. Gewiss durfte nicht jeder sie anfassen, und gewiss wurde nur wenigen das Privileg zuteil, sie aus ihren Töpfen zu heben. Es rührte mich, mit welcher Hingabe sie dieser kleinen Tätigkeit nachging. Und ich dachte, dass die Welt vielleicht ein kleines bisschen besser wäre, würden sich mehr Menschen so viel Zeit für ein paar Zimmerpflanzen nehmen.

***

Im Jahr 1882 erschien eine Broschüre mit dem Namen *Feeble Faith: A Story of Orchids* (dt.: »Schwacher Glaube: Eine Orchideengeschichte«), in dem die Autorin den Reiz des Orchideensammelns folgendermaßen beschrieb:

> »Das Interesse des Käufers ist ein zweifaches: nicht nur der Versuch, diese hoffnungslos aussehenden Pflanzenstücke unter seiner sorgfältigen Behandlung wieder zum Wachsen zu bringen, sondern auch die Hoffnung, unter ihren Schätzen, wenn er nach zwei Jahren des Anbaus das Glück hat, sie zum Blühen zu bringen, eine Sorte zu finden, die er vielleicht noch nicht kannte oder die, wenn sie bekannt ist, von seltenem Vorkommen und von außerordentlichem Wert ist.«[1]

Dieser »außerordentliche Wert« einer Orchidee ist der größte Anreiz für viele Wilderer, sie aus der Natur zu entfernen. Es ist heute schwer zu ermessen, wie viele Orchideen jedes Jahr illegal aus Naturschutzgebieten entfernt werden. Der Fall aus dem Taubergießen von 2019, wo in kurzer Zeit über dreitausend Orchideen verschwanden, hat sich seither nicht mehr wiederholt. Dennoch entdecken Betreuer von Naturschutzgebieten immer wieder neue Löcher. Der Naturschutzwart aus Reutlingen erzählt mir am Telefon, er habe sogar Ölkanister neben den Löchern vorgefunden: »Sagen Sie mir nicht, die hätten auch die Wildschweine dort gelassen!«

Es ist ein Problem, das fast so alt wie die Orchideen selbst zu sein scheint. Der britische Botaniker Joseph Hooker beschwerte sich 1850 in einem Brief an seinen Vater, den Direktor der Kew Gardens, über die Unmengen an Orchideen, die in Indien eingesammelt würden. Sammler des botanischen Gartens von Kalkutta hätten tausend Körbe mit Orchideen gefüllt, und die Verkehrswege sähen aus, »als hätte ein Sturm die Straße mit morschen Ästen und Orchideen übersät«.[2] Obwohl Hooker entsetzt über das Verhalten der Sammler war, schien er davon nicht nachhaltig beeindruckt. Er selbst sammelte dreihundertsechzig Orchideen der Art *Vanda coerulea*, mit leuchtend lilafarbenen, fast blauen Blüten, und sieben Männer mussten beim Tragen der Körbe helfen. Allerdings überlebten die meisten der Pflanzen die Schifffahrt nach England nicht. Ein konkurrierender Sammler schaffte es tatsächlich, eine einzige Ladung sicher nach Großbritannien zu transportieren, die er für dreitausend Pfund Sterling verkaufte. Heute entspräche das einem Wert von mehr als zwei Millionen Pfund.[3]

Hooker verhielt sich sogar relativ gemäßigt im Vergleich zu anderen Sammlern seiner Zeit, die skrupellos vorgingen, um an ihre Orchideen zu kommen. Albert Millican, ein britischer Orchideensammler aus dem neunzehnten Jahrhundert, suchte in den nördlichen Anden nach der Gattung der *Cattleya*. Weil aber viele Pflanzen nur auf sehr hohen Bäumen wuchsen, ordnete er kurzerhand die Rodung des Waldes an. Der Dschungel wachse innerhalb von drei Jahren nach, schrieb er später in seinen Memoiren unbekümmert, und »das Fällen von ein paar Tausend Bäumen« richte keinen ernsthaften Schaden an.[4] Millican stattete also indigene Arbeiter mit Äxten aus und ließ sie die Bäume fällen, auf denen die wertvollen Orchideen wuchsen. Nach zwei Monaten hatten sie etwa zehntausend Pflanzen für ihren Auftraggeber gesammelt. Nachdem rund viertausend Bäume gefällt worden waren, musste Millican das Lager aufgeben, da der Orchideenbestand in dieser Region vollkommen ausgeschöpft war.[5] Ihm war der Umweltschaden, für den er verantwortlich war, keineswegs bewusst. Die Bäume ließ er an Ort und Stelle verfaulen, und die meisten seiner Orchideen starben auf der Überfahrt nach England. Die wenigen, die überlebten, schmückten am Ende die Gewächshäuser reicher Sammler. Selbst heute ist die *Odontoglossum crispum*, wegen der Millican so viele Bäume fällte, nur sehr schwer zu kultivieren.[6]

Nicht alle Sammler gingen so unbedacht vor wie manche ihrer Zeitgenossen. Im Zuge der aufkommenden »Orchideenmania« gegen Ende des neunzehnten Jahrhunderts sorgten sich vor allem viele Züchter und Sammler in England um die Zukunft ihrer Lieblingsblume. Der britische Orchidologe Benjamin William klagte über die vielen hundert Orchideenarten, die unter großem Aufwand nach England gebracht worden waren, welkten und starben, weil sie niemand richtig zu halten wusste.[7] Sein Rat lautete, wenige Orchideen sicher nach England zu überführen, anstatt die Pflanze in ganzen Regionen auszurotten in der verzweifelten Hoffnung, ein paar wenige würden die Reise überleben. Das System, wenn denn von einem solchen überhaupt die Rede sein könne, so William, sei »ein Ärgernis sowohl für die Verkäufer als auch für die Käufer«; niemand ziehe irgendeinen Nutzen aus diesem Vorgehen.[8]

In den letzten Jahrzehnten des neunzehnten Jahrhunderts gelangten mehr Orchideen nach Europa als jemals zuvor. Das Herz des weltweiten Orchideenhandels war zwar London, aber die zweite Welle des Orchideenfiebers verbreitete sich rasch in ganz Westeuropa und den USA. Orchideen galten als zäh und langlebig, was vermutlich einen großen

Teil ihres Reizes ausmachte.[9] In einem Handbuch für Orchideenzüchter war 1872 zu lesen:

> »Eine Orchideenblüte hält, was sie verspricht. Sie zerfällt nicht wie eine Lilie, es gibt kein Abwerfen von Blütenblättern, kein Abfallen des Blütenstieles, keine Selbstenthauptung wie bei einer Fuchsie, kein Zusammenfallen und Auflösen wie bei einem Spinnenkraut – nein, es gibt nichts von alledem; die Orchideenblume ist weder oberflächlich noch flüchtig noch unaufrichtig. Wenn wir uns nicht irren, haben Orchideenblumen eine große Zukunft vor sich.«[10]

Daran glaubte zumindest auch Frederick Sander. Der 1847 in Bremen geborene Orchideenexperte ließ sich in später in der britischen Stadt St. Albans nieder, um mit Saatgut zu handeln. In den 1880er-Jahren stieg er in das lukrativere Geschäft mit Orchideen ein und schickte Sammler nach Asien und Südamerika, um dort nach neuen Arten zu suchen. Er verschrieb den Orchideen fortan sein ganzes Leben. Sein Geschäft Sander's of St Albans produzierte rund zwei Millionen Pflanzen, und Sander erhielt den Spitznamen »Orchid King«. Ein Brief aus den Tropen soll einmal nur an »Orchid King, England« adressiert gewesen sein – und der Brief kam an. Sander arbeitete lange Zeit eng mit dem österreichisch-böhmischen Botaniker Benedict Roezl zusammen, der als der berühmteste Orchideensammler seiner Zeit galt. Anstelle seiner rechten Hand trug Roezl eine Prothese in Form eines metallenen Hakens, was ihn wie einen Piraten aussehen ließ. Der Journalist Frederick Boyle, der grundsätzlich ein eher legeres Verhältnis zu Tatsachen pflegte, beschrieb Roezl besonders blumig. Roezl habe alleine und in kürzester Zeit achthundert neue Orchideenarten entdeckt. Und einmal habe er einen aggressiven Bären gebändigt, indem er ihn streng angeschaut hätte. Noch am selben Tag habe er dreitausendfünfhundert Orchideen nach London geschickt! Roezl war, schreibt Boyle, »unvergleichlich der größte jener fähigen und tüchtigen Männer, die durch die wilde Welt zogen auf der Suche nach neuen Pflanzen zu unserer Freude und unserem Vergnügen«.[11]

Zum Ende des neunzehnten Jahrhunderts war der Orchideenhandel ein besonders einträgliches Geschäft. Die teuerste Orchidee, eine *Odontoglossum crispum Cooksoniae*, wurde für 650 Guineen verkauft, was heute einem Wert von etwa 430.000 Euro entspräche.[12] Der Preis war allerdings nur das halbe Vergnügen für den glücklichen Züchter. Fast ebenso wichtig waren die regelmäßigen Zeitungsberichte über die Auktionserlöse von Orchideen. Andere Züchter schickten folglich ihre Sammler aus, riesige Schiffsladungen mit den wertvollen Blumen nach Europa zu bringen. Der Markt wurde überschwemmt, und der Preis fiel – in einem Fall um 25.000 Prozent innerhalb eines einzigen Jahres! [13] Die Konsequenz war, dass nun weniger wohlhabende Kunden die Züchter aufsuchten, um diese Pflanzen zu erstehen.

***

Der beeindruckendste Orchideensammler, den ich im Laufe meiner Recherche kennengelernt habe, ist der Schweizer Roland Amsler. Er besitzt über hunderttausend Pflanzen und rund sechstausend verschiedene Arten. Viele davon sind vor Inkrafttreten von CITES mithilfe anderer Sammler in die Schweiz gelangt. Weitere hat er aus alten Sammlungen, von spezialisierten Gärtnereien und bei internationalen Ausstellungen für teures Geld erstanden. Amsler schreibt Bücher über Orchideen und verkauft auch Pflanzen weiter. Heute beherbergt ein 1.200 Quadratmeter großes Gewächshaus seine Orchideen; es steht in Sirnach, einem Dorf im Schweizer Kanton Thurgau, ungefähr 40 Kilometer entfernt von der deutschen Grenze. Viele von Amslers Orchideen sind Epiphyten. Um ihren Lebensraum nachzustellen, hat er sie auf Rindenstücke gebunden, die an Drähten von deckenhohen Regalen hängen, viele weitere stehen in Substrat in Töpfen auf Tischen.

Als ich Amsler zum ersten Mal besuche, ist er gerade in das Bestäuben zweier *Bulbophyllum*-Orchideen vertieft. Über einen Tisch gebeugt, schiebt er einen Zahnstocher unter den Pollen der fingernagelgroßen Blüte auf dem Korkbrett vor ihm. Seine Hände erscheinen daneben riesig. Das Pollinium bleibt an der Spitze des Zahnstochers hängen. Amsler stützt die Blüte einer zweiten Blume mit dem Zeigefinger und schiebt ihr den Zahnstocher langsam und ruhig mitten ins Herz. Die Pollenmasse bleibt auf der klebrigen Narbe liegen. Mit einem zufriedenen Seufzen zieht er den Zahnstocher wieder heraus. »So funktioniert Orchideensex.« Amsler lacht, aber wendet den Blick nicht von der Blüte. »Zum Glück ist es den Blumen nicht peinlich, dass Sie gerade dabei zugeschaut haben!«

In dieser Haltung finde ich Amsler häufig vor, wenn ich ihn in seinem Gewächshaus besuche – tief über seine Orchideen gebeugt oder sie eine Armlänge vor sich haltend, um sie fotografieren zu können. Die meisten seiner Blumen sind so klein, dass alles um sie herum riesig scheint. Aber er liebt sie, gerade weil sie so klein sind. Mit fast religiöser Andacht wandert er manchmal stundenlang durch seinen Orchideendschungel. Immer wieder streckt er dabei eine Hand aus und berührt behutsam Blätter, prüft die Pflanzen auf Krankheiten und darauf, ob ihre Wurzeln womöglich zu trocken oder zu feucht geworden sind. Das ist seine Art, mit ihnen zu kommunizieren.

»Vermutlich würde es Amsler freuen, wenn Sie ihn als Freak bezeichneten«, sagte ein Berner Orchideenexperte einmal zu mir. In der Orchideenszene, so scheint es mir manchmal, ist »Freak« keine Beleidigung, sondern eine Auszeichnung. Um diesen Status zu erlangen, muss man ganz schön viele Orchideen besitzen.

Wenn Roland Amsler von den Pflanzen spricht, klingt es, als spräche er gleichzeitig über zahllose andere Dinge: Spiritualität, Männlichkeit, Liebe. Die Orchideen vereinen für ihn das Menschsein in sich. Er fing im Teenageralter an, Pflanzen zu sammeln. Als sein Großvater an Krebs erkrankte, suchte er für ihn nach Heilkräutern und begann schließlich, die Pflanzen auch zu fotografieren. Sein Ziel: ein umfassendes Sammelwerk mit Blüte, Blättern und Standort jeder Pflanze. Der Film war jedoch schnell voll, das Hobby teuer, und so beschloss er, nur noch seltene Pflanzen zu fotografieren. »›Roland‹, sagte ich damals zu mir selbst, ›gerade hast du Zeit, aber kein Geld. Eines Tages wird das andersrum sein.‹ Ich musste mich auf die Pflanzen konzentrieren, die es wirklich wert waren, fotografiert zu werden. Also suchte ich in einem *Kosmos*-Buch nach den seltensten Pflanzen. Darunter waren hauptsächlich Orchideen.«

Eigentlich wollte Amsler Botaniker werden, schaffte es aber wegen seiner schlechten Französischnoten nicht aufs Gymnasium. Ein Maturitätsabschluss war Voraussetzung für die Ausbildung, aber Fremdsprachen interessierten ihn nicht. »Ich hatte Orchideen als Freunde«, erklärt er mir, »und eben keine französische Freundin.« Er machte eine Ausbildung zum Gärtner und lernte seine Frau kennen. Sie brachte ihn zu einem Orchideengärtner unweit von Amslers heutigem Gewächshaus und kaufte ihm dort seine erste Orchidee, eine *Encyclia amicta*. Um ihn war es geschehen: »Als ich da zum ersten Mal diese tropische Orchidee in ihrer Naturform sah, dachte ich nur: Wie genügsam sie auf diesem Rindenstück wächst, wie schön sie ist … damit fing die Sucht an!«

Amsler hat viele seiner Pflanzen von verstorbenen Mitgliedern verschiedener Orchideenvereine geerbt. Sie brachten die Blumen vor über fünfzig Jahren in die Schweiz, als es noch keine Handelsbestimmungen zum Schutz gefährdeter Pflanzen gab. Heute ist die ganze Orchideenfamilie unter dem Washingtoner Artenschutzübereinkommen von 1973 geschützt. Das bedeutet, dass Orchideen nicht ohne die nötigen kostenpflichtigen Formulare über internationale Grenzen transportiert werden dürfen. Es bestehen zwar gewisse Ausnahmen, zum Beispiel für botanische Gärten und große Gartenbaubetriebe, aber für Sammler wie Amsler, die auf neue Arten angewiesen sind, erschwert das Übereinkommen die Arbeit. »Das Artenschutzgesetz wurde verallgemeinert, damit nicht jeder Tourist alles ausgräbt, was er sieht«, meint Amsler etwas aufgebracht. »Das hat seine Berechtigung. Aber für Leute, die wie ich diese Arten schützen wollen, sollte es Ausnahmebewilligungen geben.«

Beim Abholzen vieler asiatischer und lateinamerikanischer Regenwälder gehen Tausende von Orchideen- und andere Pflanzenarten verloren. »Ich darf ja die Orchideen noch nicht einmal in einer lateinamerikanischen Gärtnerei kaufen und zum Vermehren in die Schweiz bringen – selbst wenn sie im Kahlschlag von gefällten Bäumen gesammelt wurden.« In seinem Gewächshaus imitiert Amsler verschiedene klimatische Zustände des Urwalds nach. Dafür muss er das Wachstum jeder Pflanze genau beobachten, denn die eine perfekte Temperatur gibt es nicht. Jene Orchideen, die gerade in Blüte sind, stellt er an einen gemeinsamen Ort. Sie brauchen höhere Temperaturen als die anderen Pflanzen und darum auch mehr Wasser.

Jeden Tag verbringt Amsler vier Stunden nur mit dem Gießen seiner Pflanzen. Sobald er den Schlauch auf sie richtet, verändert sich die Luft im Gewächshaus. Es ist, als könnte man das Chlorophyll der grünen Blätter buchstäblich riechen. Schwere feuchte Luft legt sich über den Raum, und der unverkennbare Geruch von Erde und Pflanzen steigt auf. »Was die Pflanzen brauchen, das finde ich nur heraus, indem ich sie genau beobachte«, erklärt Amsler.

Wir spazieren gemeinsam durch sein Gewächshaus. Amsler hält ein Huhn namens Speedy unter den Arm geklemmt, das sich vom Hof draußen zwischen die Orchideen verirrt hat. »Orchideen kann man nur züchten, wenn man nicht nur ihren Namen kennt, sondern auch ihr Wesen.« Ein kleiner Teil von Amslers Orchideen steht zum Verkauf. Viel wichtiger sind ihm allerdings die langen Spaziergänge durch seinen Orchideenwald. »Ich entdecke jeden Tag etwas Neues.« Mit einem Ausdruck der Glückseligkeit auf dem Gesicht deutet er auf eine kleine Blüte. Er wird sie heute noch bestäuben. »Ich spüre oft, dass mir Blumen quasi zurufen: ›He, schau mich an! Ich blühe!‹«

»Sprichst du auch mit den Blumen?«, frage ich, während er die winzige Blüte vor uns sorgfältig mit den Fingern anhebt.

»Nein, das nicht. Aber ich glaube, dass Leute, die mit ihren Pflanzen reden, sie als Lebewesen akzeptieren. Das ist der grüne Daumen, von dem alle reden: Wer eine Orchidee nur als Objekt kauft, der stellt sie dorthin, wo sie am schönsten aussieht, und nicht, wo sie am besten gedeiht. Das ist ein wichtiger Unterschied.«

Manche Orchideen sieht Amsler zum ersten Mal blühen, darunter auch Arten, die bisher noch nicht beschrieben worden sind. Ihnen darf Amsler einen Namen geben. Eine von ihnen ist die *Bulbophyllum freitagii*; Amsler hat sie nach einem Freund benannt, der sich das Leben genommen hat. Sie hatten die Blume gemeinsam in einer Gärtnerei auf Java gefunden. Die schwarz gekrauste Lippe der Orchidee erinnerte ihn an das Haar seines Freundes, vor allem aber drückt Amsler damit seine Anerkennung aus: »Er fühlte sich nicht mehr gebraucht auf dieser Erde, obwohl er sehr viele Freunde hatte, die ihn liebten.« Die Blüte der noch zu benennenden Orchidee legt Amsler in eine Ethanollösung und schickt sie ans Genfer Herbarium als Beleg. Die Beschreibung der Pflanze sowie Fotos und Zeichnungen von ihr müssen davor in einer botanischen Zeitschrift veröffentlicht worden sein. Nur so erlangt der Name überhaupt Gültigkeit. Das Datum der Veröffentlichung ist geltend, sollte jemand anderes zur selben Zeit dieselbe Pflanze benennen wollen.

Im hinteren Teil des Gewächshauses hat sich Amsler ein kleines Labor eingerichtet. Hier sät er Samen auf einem Nährboden aus, um neue Pflanzen heranzuziehen. Weil die Körner staubfein sind, muss ihnen ein externer Organismus zu den Nährstoffen verhelfen. In der Natur passiert das mithilfe des Mykorrhizapilzes. Im Labor ist es ein Nährboden aus Biota-Kartoffelsaft, Zitronensaft, Agar Agar und Zucker in einem steril verschlossenen Plastik- oder Glasbecher. Wenn Amsler die Samen aussät und zieht, muss alles höchst steril passieren. Jedes Mal bevor er einen Setzling mit der Pinzette auf ein neues Nährmedium überführt, hält er sie zum Sterilisieren über die Flamme eines Bunsenbrenners. So machen es auch die großen Labore. Ein Fehler, und der Nährboden fängt an zu schimmeln. Dann sind alle Pflanzen hin.

»Die meisten Leute«, so der Sammler und Züchter, »denken immer, sie wissen genau, was eine Orchidee ist. Dabei haben Orchideen eigentlich eine durchschnittliche Blütengröße von einem Zentimeter! Aber das wissen viele Menschen gar nicht, weil sie nur die zehn Prozent der Orchideen kennen, die große Blüten haben! Sie gelten als Prestigeobjekte, die man erhalten muss, während die kleinen, unscheinbaren Pflänzchen aussterben. Deswegen ist es so wichtig, sich für sie einzusetzen.« Auf den Makrobildaufnahmen, die er von den winzigsten Blüten macht, sind komplexe Strukturen zu sehen, die das bloße Auge gar nicht erkennen kann. »Orchideen«, antwortet er, als ich ihn frage, was ihn an den Blumen so fasziniert, »blühen nicht, weil ich mich gut um sie kümmere. Sie blühen, um sich zu vermehren. Kurz vor ihrem Tod, wenn die Orchidee ihre Jahreszeit spürt, steckt sie noch ihre letzte Kraft in die Blüte. Und obwohl ich nichts damit zu tun habe, gibt mir das ein ungeheures Erfolgserlebnis.«

Zehnte Station

PERNAMBUCO, BRASILIEN

Frederick Sander kannte keine Skrupel, wenn es darum ging, an neue Orchideen zu gelangen. Natürlich reiste er nicht selbst in die Tropen, um die Orchideen zu bekommen, sondern schickte seine Sammler voraus. Einer von ihnen war Benedict Roezl. Ein anderer, zwar weniger berühmt, aber einer der erfolgreichsten Sammler überhaupt, war der Deutsche Wilhelm Micholitz.

Micholitz war vor allem eines, nämlich unheimlich zäh. In einem Brief an Sander beschreibt er, wie er erst eine Choleraepidemie in Manila überlebte, dann knietief durch einen Sumpf im Dschungel watete, nur um festzustellen, dass Blutegel an seinen Beinen und Füßen hafteten. Er fand die *Phalaenopsis*, nach der er gesucht hatte, und als er den Wald komplett nach ihr abgegrast hatte, ging er auf die andere Seite der Lagune, wo er noch mehr Pflanzen fand.

Für die Orchideenzüchter war es sehr wichtig, in den Tropen nach Orchideen zu suchen, um an neue Arten zu kommen. Ihre Kunden wollten ihre Gewächshäuser mit den seltensten Arten aus den entlegensten Gegenden schmücken und waren bereit, dafür große Summen Geld in die Hand zu nehmen – so ist es bis heute. Früher gab es nur eine einzige Möglichkeit, an diese Pflanzen zu gelangen, wie

William A. Stiles, ein Redakteur von *Garden and Forest*, der ersten amerikanischen Fachzeitschrift für Botanik und Gartenbau, auf den Punkt brachte:

> »Sammler in tropische Wälder zu schicken, wo sich seit Generationen Unmengen von ihnen [den Orchideen] entwickelt haben, und sie lebend herauszubringen. Es ist kein leichtes Unterfangen, sie auf dem Rücken von Lastenträgern und Maultieren sicher über Bergpfade und durch heimtückische Sümpfe zu tragen, manchmal wochenlang, bis ein Fluss erreicht ist, auf dem sie zu einem Seehafen geflößt werden können. Und dann sind die Gefahren der Reise, vielleicht um die halbe Erdkugel, noch schwerwiegender. An Deck bedeutet die salzige Gischt den Tod, und im Laderaum ist die stickige und heiße Luft oft verderblich, während jeder Stoß der Beginn eines regen Zerfalls ist.«[1]

Dass ein großer Teil der Orchideen schon vor der Überfahrt nach Europa in den Lagerhallen starb und ein weiterer großer Teil entweder auf dem Schiff einging oder über Bord fiel, machte sie umso wertvoller. Und Frederick Sander ließ sich von den Mühen seiner Sammler nicht beeindrucken. Im Gegenteil: Er beschwerte sich über die hohen Spesen, die bei ihnen anfielen, und verlangte, dass sie ihm noch mehr Pflanzen schickten. In einem Brief an seinen Vorgesetzten beschwerte sich Micholitz:

> »Ich habe Ihre Briefe vom 12. und 20. März erhalten, und ich kann nicht sagen, dass sie mich besonders erfreuten. Es ist immer das gleiche Gezeter mit wenig Abwechslung; dass ich zu viel Geld verbrauche und nicht genug schicke. Nun, schlagen Sie etwa vor, dass ich in den Straßen von Manila Neuheiten finde?«[2]

Der Wettlauf darum, als Erster eine neue Orchideenart zu finden, lief parallel zum Kampf der europäischen Großmächte im neunzehnten Jahrhundert, die letzten Teile der nicht kolonialisierten Welt untereinander aufzuteilen. Jede neue exotische Pflanze in europäischen Gewächshäusern, so schien es, symbolisierte diese Eroberung der Welt. Hatten Sammler erst eine neue Orchideenart entdeckt, sammelten sie alle Pflanzen, die sie finden konnten, ein und hielten ihren Fundort geheim, sodass sie nicht von konkurrierenden Sammlern gefunden werden konnten.

Manche Orchideen galten seit ihrem ersten Auftauchen als »verloren«. Umso spektakulärer war die Berichterstattung in den Zeitungen, wenn eine Blume nach Jahrzehnten unverhofft wiederauftauchte. Die Londoner Zeitung *The Standard* berichtete 1891 gleich von zwei erstaunlichen Verkäufen verloren geglaubter Orchideen:[3] Bei der ersten handelte es sich um eine *Cattleya labiata Vera*, die siebzig Jahre lang in der Natur nicht wiedergefunden wurde. Ein Sammler hatte sie 1818 in Brasilien entdeckt und kistenweise Exemplare nach Europa geschickt. Das Besondere an dieser *Cattleya* war, dass sie widerstandsfähiger als andere Orchideen war und dazu auch noch länger blühte. Außerdem wurde sie gern als Mutterpflanze zur Hybridenzucht genutzt, weil aus ihr eine große Vielfalt an Formen entstand. Egal wie viele weitere Sammler die Gegend um Rio de Janeiro abgrasten, diese eine besondere *Cattleya* war nicht mehr aufzutreiben. Und in den nächsten siebzig Jahren waren die Keimlinge der ersten ursprünglichen Pflanze, die es nach Europa geschafft hatte, die einzige Quelle, um an diese *Cattleya* zu gelangen. Schließlich stellte sich heraus, dass der Herkunftsort der Pflanze nicht, wie fälschlicherweise angenommen, in Rio de Janeiro lag, sondern in der Region Pernambuco im Nordosten Brasiliens. Sander kündigte die Wiederentdeckung der Blume groß an. Um die Pflanze hatte sich eine Art Mythos aufgebaut, der sich nur schwer zerstreuen ließ. Eine dieser Geschichten behauptet zum Beispiel, ein Orchideenkenner habe bei einem Botschaftsball in Paris die *Cattleya* an der Korsage einer Frau entdeckt. Er starrte die Orchidee eine lange Zeit an, um sich zu vergewissern, dass es sich dabei wirklich um die lang verlorene *Cattleya labiata Vera* handelte. Er brachte sie in seinen Besitz, bestätigte die Identität ihrer Art und folgte der Spur der Orchidee zurück nach Brasilien, wo Züchter nun endlich wieder neuen Bestand erlangen konnten.[4] Für diese Geschichte gibt es keinerlei Beweise, aber sie ist charakteristisch für das Narrativ der Orchideenzucht. Natürlich steckte die Orchidee ausgerechnet an der Korsage einer Frau, und natürlich war der Mann allein an der Blume interessiert! Diese Erzählung zeigt, welche Rolle die Orchideen auf gesellschaftlicher Ebene spielten: Sie traten an die Stelle erotischer Körperstellen und schienen jedes sexuelle Interesse ihrer Sammler mit ihren Blüten zu befriedigen.

Die britische Gartenzeitschrift *Gardener's Chronicle* schrieb im Oktober 1891, bei der Blume handele es sich um die »wahre alte Pflanze von Swainson und wird von den Wiedereinführern als authentisch bestätigt«. Für Sander war es wichtig, dass diese Behauptung möglichst prominent in den Zeitungen zu lesen war, weil sein Rivale, der Züchter Jean Jules Linden aus Brüssel, nämlich zur selben Zeit behauptete, die *Cattleya labiata Vera* ebenfalls wiederentdeckt zu haben.

Noch spektakulärer und noch geheimnisvoller als die *Cattleya* war jedoch eine Entdeckung, die Micholitz drei Wochen später machte: die *Dendrobium phalaenopsis Schröderianum* –

die »großartigste und in jeder Hinsicht glänzendste bekannte Orchidee« und »der König seiner Gattung«. In ganz Europa gab es angeblich nur sieben Exemplare, von denen zwei in den Kew Gardens standen. Und um das Spektakel abzurunden, wurde sie bei der ersten Auktion nach ihrer Wiederentdeckung in einem menschlichen Schädel wachsend präsentiert.[5] Micholitz hatte die Orchidee in Neuguinea gefunden, aber noch bevor das Schiff mit der ersten Ladung seine Fahrt nach Europa antreten konnte, fing es Feuer. Keine einzige Pflanze überlebte; der Sammler schickte ein Telegramm an Sander: »Schiff verbrannt, alles verloren; was tun?«

Sanders Antwort war brüsk: »Zurückkehren. Versuchen Sie es erneut.«

Darauf Micholitz: »Regenzeit läuft.«

Sander: »Zurückkehren – mehr sammeln.«

Die Sammlersaison war eindeutig vorbei. Selbst die Muskatnusshändler waren bereits abgereist. Sander bestand darauf, dass Micholitz in den Dschungel zurückkehrte. Nachdem er endlich die begehrten Orchideen entdeckt hatte, schickte er ein weiteres ausführliches Telegramm an seinen Auftraggeber, in dem er auch die kulturellen Umstände seiner Orchideenjagd beschrieb:

> »Ich sah die ersten auf einigen Felsen in der Nähe des kleinen Dorfes, in dem ich mich aufhielt, wo sie auf dem nackten Kalkstein zwischen einer großen Anzahl menschlicher Schädel und Knochen wuchsen – die Eingeborenen begraben ihre Toten nicht, sondern legen sie in eine Art von Särgen und stellen sie dann auf diese einsamen Felsen, [die] verstreut entlang des Ufers oder des Strandes stehen und die nur bei Ebbe erreicht oder angesteuert werden können.«[6]

Micholitz versicherte Sander zwar auch, er würde ihm keine Knochen schicken, und es ist daher ein kleines Rätsel, wie der Schädel mit der Orchidee in den Verkaufsraum gelangte. Aber er leistete gute Werbearbeit. Micholitz erhielt sogar Anfragen, noch mehr Schädel mit Orchideen darin zu sammeln, aber er fand die Vorstellung, nach Neuguinea zurückzukehren, gar nicht witzig: »[Ich habe] keine besondere Lust, meinen eigenen Schädel zurückzulassen, nur damit er in der Sammlung irgendeines Papuaners aufgeführt wird … Ich schätze ihn [den Schädel] viel zu sehr, um ihn für die Belustigung in den Verkaufssälen zu riskieren.«[7]

Verloren geglaubte und wiedergefundene Orchideen waren der Stoff beliebter Geschichten unter den Großbürgern des hochviktorianischen Zeitalters: Totenschädel, in denen Orchideen wuchsen, zwielichtige Einheimische, verführerische Schönheiten und Kannibalen, denen Orchideensammler im tiefen Dschungel angeblich zum Opfer fielen, beflügelten die Fantasie. Die amerikanische Zeitschrift *Scribner's Magazine* veröffentlichte einen illustrierten Artikel, der über die furchtbaren Schicksale verschiedener Sammler berichtete. Darunter war auch der Bericht eines Europäers, der angeblich gezwungen worden war, die Schwester eines afrikanischen Stammeshäuptlings zu heiraten, nur um an die wertvolle Orchidee *Eulophiella elisabethae* zu kommen. Anscheinend hatte sich Monsieur L. Hamelin, wie er im Artikel genannt wurde, mit einem Häuptling angefreundet, der Hamelin seinen Schwager zum Schutz im Dschungel an die Seite stellte. Unterwegs wurden die beiden Männer jedoch von einer Fossa angegriffen, einer in Madagaskar heimischen Raubkatze. Das Tier hatte sich in einem der Bäume versteckt, auf denen die *Eulophiella* wuchs, und tötete Hamelins Begleiter. Bei seiner Rückkehr hatte Hamelin zwei Möglichkeiten, die Seele des Verstorbenen zu besänftigen: Entweder er würde auf dem Scheiterhaufen sterben – oder aber er nahm die Position des Toten ein und heiratete dessen Frau. Hamelin entschied sich für die zweite Option und wurde so zum Schwager des Häuptlings.[8] Hamelin, den es im Gegensatz zu seiner Geschichte wirklich gab, mystifizierte den Herkunftsort der *Eulophiella elisabethae*, um zu verhindern, dass andere Sammler sein Geschäft zerstörten. Er behauptete, alle Exemplare dieser Pflanze wären in der Obhut des Häuptlings und außerdem noch zu klein zum Sammeln. Überhaupt sollte es niemand versuchen, seine Reise nachzuahmen, sondern sich an »das traurige Schicksal dreier unerfahrener und unglücklicher Sammler« erinnern, »die, da sie die Sitten des Landes nicht kannten, starben – zwei an Fieber, der letzte durch das Schwert der Eingeborenen«.[9]

Hamelin behauptete auch, das Schiff, mit dem er eine Ladung der *Eulophiella elisabethae* hätte nach Europa bringen wollen, sei von einem Sturm zerstört worden. Das machte sie auf dem Markt natürlich fast unbezahlbar. Es ist daher nicht erstaunlich, dass Sander in seinen Werbeanzeigen formulierte: »Um unnötige Korrespondenz zu vermeiden, wünscht Herr Hamelin, dass wir bestätigen, dass alle Pflanzen, die von seinen gesamten Lieferungen gerettet wurden, in unseren Händen sind, und dass keine Pflanzen anderswo oder aus irgendeiner anderen Quelle erworben werden können, und dies können wir vollauf garantieren.«[10] Die einzige Zeitung, die Zweifel an der ganzen Geschichte äußerte, war *Der Standard*. Der »Schauplatz seiner Erlebnisse« sei zu unkonkret und die madagassischen Stämme zu sehr von den französischen Kolonialherren unterdrückt, um so etwas zuzulassen. *Der Standard* veröffentlichte außerdem Briefe von Lindens englischem Vertreter, in denen es hieß, Hamelin habe die Blume keineswegs selbst entdeckt und auch nicht gesammelt. Vielmehr sei sie bereits im Jahr davor beschrieben worden. Einer von Lindens Sammlern war in Madagaskar ums Leben gekommen, wodurch Hamelin an die Blumen gelangte. Linden hatte bereits Exemplare der *Eulophiella elisabethae* in seinem Besitz und schickte Hamelin eine exakte Beschreibung sowie eine Zeichnung der Blume, damit der wusste, wo er sie suchen sollte. Als Hamelin, der zuvor keine Erfahrung im Sammeln von Pflanzen gehabt, die Orchidee endlich gefunden hatte, schrieb er Linden: »Da diese Art eine meiner Entdeckungen war, geben Sie bitte an, was Sie für den gesamten Bestand bieten werden, denn ich habe die Pflanze in ihrem natürlichen Lebensraum vollständig zerstört.«[11] Linden fand jedoch heraus, dass Hamelin bereits mehrere Hundert Exemplare an Sander verkauft hatte, und weigerte sich, auf die Forderung einzugehen. Lindens Bemühen, die Geschichte richtigzustellen, lief ins Leere, stattdessen wurde Hamelins angebliches Abenteuer bald schon zu einer Legende der Orchideenjagd.

Das Orchideenfieber erreichte gegen Ende des neunzehnten Jahrhunderts seinen Höhepunkt. Gleichzeitig neigte sich die Erweiterung der europäischen Reichsgebiete dem Ende zu. Alle Länder waren entdeckt, fast alle Regionen der Welt von der einen oder anderen europäischen Großmacht erobert worden. Damit ging die Frage einher, ob es vielleicht auch gar keine neuen Orchideen mehr zu sammeln gab. Weil es einfacher geworden war, Orchideen zu züchten, schrumpfte die Nachfrage nach einigen wenigen seltenen Pflanzen – stattdessen verlangten die Händler größere Mengen der beliebteren Arten, die sie als Schnittblumen auf dem Markt verkaufen konnten. Die neue Technologie der Dampfkraft förderte den Überseehandel und vervielfachte die Art und Menge der Waren, die aus den Kolonien nach Europa gebracht wurden. Pflanzen waren bald kaum exotischer als Tee. Schnelle Klipper, eine Art Frachtsegelschiffe, wurden durch Dampfschiffe ersetzt, und dazu ließen Telegrafie und Eisenbahnnetze die Welt noch kleiner erscheinen. Die romantische Vorstellung vom schwierigen Transport mittels hölzerner Schiffe, die der stürmischen See die Stirn bieten mussten, verlor sich allmählich. Selbst Zeitschriften, die gerne reißerische Geschichten über die Abenteuer verwegener Orchideensammler verbreiteten, mussten zugeben, dass »ein gut erzähltes Abenteuer eine wirksame Werbung für eine neue Pflanze sein kann«.[12] Dass dennoch so viele fantastische und übertriebene Geschichten über Orchideen kursierten, lässt vermuten, dass sich die Menschen immer noch nach Abenteuer und Geheimnissen sehnten.

***

Wer heute noch wie Roland Amsler Orchideen sammelt, muss es aus Leidenschaft tun, denn Geld bringt das Geschäft schon lange keins mehr ein: »Orchideen werden als Wegwerfprodukt hergestellt«, so Amsler. Schuld daran seien die großen Gartenbaubetriebe, wo die Pflanzen am Fließband produziert würden. Keine Angestellten, nur noch Computer und automatische Steuerung. Für den Gärtner, der über Berührung mit seinen Pflanzen kommuniziert, eine geradezu dystopische Vorstellung.

Orchideen könnten ohne Weiteres hundert Jahre alt werden. Als Stauden können sie sich außen immer wieder neu verjüngen, während sie von innen her absterben. »Aber stellen Sie sich vor, alle Orchideen würden so lange überleben!« Amsler lacht. »Dann könnten die großen Gärtnereien alle aufgeben! Stattdessen produzieren sie die Orchideen so billig wie möglich. Weil die Leute nicht ein ganzes Jahr auf die nächste Blüte warten möchten, werfen sie die Blume weg und kaufen sich im Supermarkt eine neue.«

Großverteiler drücken die Preise für Blumen nach unten, was das Überleben für kleine Gärtnereien wie die von Roland Amsler schwierig macht. Neben dem Verkauf von Orchideen und einigen anderen Pflanzen bietet er darum auch Führungen durch den Betrieb und Events an. Er beschreibt den Gärtnerberuf mit einer Art Dreifaltigkeitssymbolik: »Der Gärtner«, sagt er, »ist der Künstler, der Bergsteiger und der Philosoph.« Der Künstler ist der kreative Gestalter, Züchter, Pflanzer. Der Bergsteiger setzt sich hohe Ziele, nach denen er strebt, und der Philosoph spürt dem Wesen der Pflanzen nach. Was wird später einmal aus seinen Orchideen, wenn Amsler nicht mehr durch ihr Dickicht spaziert? Wenn er nicht mehr prüfend und liebevoll ihre Blätter berührt? »Solange ich da bin, mache ich mein Möglichstes, damit sie wachsen und blühen können. Danach …« Amsler wird kurz still. »Den meisten botanischen Gärten geht langsam die Vielfalt aus. Sie sind Joberhaltungsbetriebe – die Menschen da arbeiten nicht aus Freude. Selbst wenn sie gerne arbeiten, es ist nur ein Job für sie. Geld steuert unseren Planeten. Es steuert unsere Köpfe. Wir hören nicht mehr auf unsere Gefühle.«

»Jedes Lebewesen hat eine Aura«, fährt Amsler fort, während wir durch sein Gewächshaus schlendern, »auch Pflanzen.« Er bleibt stehen, nimmt einen Topf mit einer leuchtenden orangeroten Orchidee vom Regal und dreht die Blüte in meine Richtung. »Die Orchidee hat die gleiche Symmetrieachse wie ein menschliches Gesicht. Sie spiegelt uns, das macht sie für uns so ansprechend. Mit der runden Blüte einer Sonnenblume redet man nicht so gerne wie mit einer Orchidee, bei der man das Gefühl hat, sie blicke einen an. Diese *Psychopsis* hier hat eine sehr starke Ausstrahlung. Wenn ich die Blüte wegdrehe, wird auch ihre Aura schwächer. Spüren Sie das?« Ich blicke die orange Blüte der *Psychopsis* an, aber spüre nichts. Das heißt natürlich nicht, dass es für Amsler nichts zu spüren gibt. Spiritualität funktioniert nicht wie ein Experiment im Chemieunterricht, bei dem das Ergebnis nach Rezept herbeigeführt wird. Dass Orchideen eine besondere Atmosphäre für Spiritualität schaffen, scheint mir nicht abwegiger als manche andere Dinge.

»Wie fühlt sich diese Aura an?«, frage ich.

Amsler schließt die Augen und nimmt einen tiefen Atemzug. »Die Aura nimmt mich ein. Sie bricht wie eine Welle über mir ein.« Ein weiterer Atemzug. Er öffnet die Augen, lächelt. »Sie schafft Ordnung in meinem Unterbewusstsein.«

Aus der Sicht von Insekten sieht die Welt vollkommen anders aus, als wir sie wahrnehmen. Insekten sehen Dinge in Infrarottönen. Warm ist rot, kalt ist blau. So erkennen sie auch, wo sie auf der Blüte landen müssen: Die Lippe strahlt rot, die Blüte macht sich quasi größer, um die Bestäuber von weither anzulocken. Vielleicht sind Auren und Infrarotstrahlung gar nicht so weit voneinander entfernt. »Pflanzen sind viel feinfühliger, als wir immer glauben.« Amsler streichelt über das Blatt der roten Orchidee. »Sie spürt meine Berührungen, und sie spürt, ob ich ihr Gutes will oder nicht. Auch Pflanzen geben Elektroimpulse ab. Auch Pflanzen können miteinander kommunizieren.«

Ich besuche Roland Amsler über einen Zeitraum von anderthalb Jahren regelmäßig in seiner Sirnacher Gärtnerei. Meine Besuche laufen immer ähnlich ab: Ich komme am frühen Vormittag vorbei und setze mich zu ihm an den Tisch im Café, das sich im Eingangsbereich des Gewächshauses befindet. Auf seinem Laptop ist meistens Facebook geöffnet, wo er sich mit Sammlern aus Lateinamerika, Indonesien und Australien austauscht. Sie vergleichen Bilder von Orchideenblüten und versuchen herauszufinden, um welche Art es sich handelt, wo sie herkommen und ob es vielleicht an diesem oder jenem Standort noch mehr davon gibt, ob sie gefährdet ist und wie man sie am besten schützt.

Amsler ist meistens eine ganze Weile still, bevor er irgendwann von seiner Arbeit aufsieht und anfängt zu erzählen. Dabei fällt ihm fast immer etwas ein, was er mir zeigen möchte, und wir beginnen den langen Spaziergang durch das Gewächshaus. Zur Mittagszeit kochen entweder er oder seine Frau eine Kleinigkeit, wobei er seine Erzählungen nicht unterbricht. Die Besuche im Orchideengewächshaus gleichen für mich kleinen Dschungelexpeditionen. Sie sind bunt und verwirrend und fantastisch, und wenn ich am Nachmittag wieder hinaus an die kühle Luft trete, brauche ich lange, um meinen Kopf von den ganzen Eindrücken zu klären.

Wir reden viel über Spiritualität, über den Sinn der Natur und die Intelligenz von Pflanzen. Vor dem Gewächshaus steht ein kleines Gehege mit Ziegen und Gänsen, die der Gärtner und seine Frau vor dem Schlachter gerettet haben. Einmal schaue ich ihm durch den Zaun zu, wie er sie füttert. Eine der Ziegen klettert ihm auf den Rücken, und er lacht mit einer Freiheit, die sonst nur Kindern vorbehalten ist. Zurück im Gewächshaus, zeigt er mir ein kleines Notizbuch, das er mit spontanen Gedanken und Reflektionen füllt. »Die Macht«, steht da als letzter Eintrag, »liegt nicht beim Menschen, sondern bei den Pflanzen.« Ich frage ihn, was er damit meint, und er erwidert: »Wenn wir unsere Umwelt so vernichtet haben, dass wir Menschen nicht mehr überlebensfähig sind, dann werden die Pflanzen immer noch einen Weg finden, um weiterzuwachsen.«

Amsler ist ein großer, breitschultriger Mann mit großen Händen, aber seine Finger sind behutsam, wenn er die Pflanzen berührt. »Jede von ihnen«, erklärt er mir, »birgt irgendein Geheimnis. Jede von ihnen erfüllt einen Zweck auf dieser Erde, sonst würde es sie heute nicht mehr geben.«

»Was für Zwecke?«, frage ich. »Was geben Orchideen, die ihren Bestäubern oft noch nicht einmal Nektar geben, ihrer Umwelt?«

»Wer weiß. Vielleicht hat eine Orchidee einfach die Aufgabe, jemandem Freude zu bereiten. Und warum denn nicht? Jedes Lebewesen hat eine Berechtigung, auf dieser Erde zu sein, und darum auch eine Aufgabe.« Dann denkt er noch mal nach und fügt hinzu: »Wenn eine Orchideenart plötzlich weg ist, kann es passieren, dass auch ihr Bestäuber verschwindet. Und wir brauchen die Insekten, weil sie unsere Nahrung bestäuben und Schädlinge fressen. Unsere Verbrechen an der Natur fallen auf uns zurück.«

Bei einem meiner letzten Besuche stelle ich Amsler die Frage, deren Antwort mich von Anfang an beschäftigt hat: Warum die Orchideen? Was macht ausgerechnet sie so betörend? Ich weiß, dass sie eine große Vielfalt haben und eine lange Geschichte, in der sie bis heute immer wieder sexualisiert werden. Aber ist das alles? Sex'n' Drugs'n'Vielfalt?

»Denk doch mal daran, was Orchideen alles allein durch ihre Schönheit, die wir so begehren, erreichen können«, sagt Amsler, als ich diese Fragen stelle. »Wir gehen arbeiten, um Geld zu verdienen, um die Orchidee zu kaufen, um die Wohnung zu bezahlen, in die wir sie stellen, um das Wasser zu bezahlen, das wir ihr geben, den Dünger und die Heizung. Sie bekommt den schönsten Platz am hellsten Fenster mit der besten Aussicht. Und zum Dank für unser Bemühen blüht sie und gedeiht. Ich würde auch gerne so gut aussehen, dass ich nicht mehr arbeiten gehen muss! Orchideen sind doch viel cleverer, als wir ihnen zutrauen!«

Elfte Station

PAPUA-NEUGUINEA

»Jeder hat schon einmal die Geschichten von Frauen wie uns gehört«, schrieb die Amerikanerin Mackenzi Lee 2018 in ihrem Roman *The Lady's Guide to Petticoats and Piracy* (dt.: »Der Ratgeber für Damen zu Unterröcken und Piraterie«). »Abschreckende Märchen, Moralpredigten, Warnungen vor dem, was dir widerfährt, wenn du ein zu wildes Mädchen für die Welt bist, ein Mädchen, das zu viele Fragen stellt oder zu viel will. Wenn du dich allein in die Welt begibst.«[1] Frauen, die zu viele Fragen stellen, waren auch in der Orchideenforschung lange Zeit nur ungern gesehen, und es sind bis heute vor allem Männer, die dieses Feld dominieren. Frauen durften keine Abenteuer erleben, Totenschädel ausgraben oder – Gott bewahre! – in den Tropen Sex mit attraktiven Einheimischen haben. Aber all das bedeutet nicht, dass die Frauen nicht da waren und sind. Ein Foto in einem 1978 erschienenen Orchideenbuch zeigt die Autorin im fortgeschrittenen Alter, wie sie in einem blauen Kleid durch hohes Gras schreitet. In der Hand hält sie eine Plastiktüte, eine Sonnenbrille sitzt auf ihrer Nase, und sie lacht,[2] als hätte sie gerade einen Witz erzählt. Die Frau, ihr Name ist Andrée Millar, hat etwas Lässiges und Verwegenes an sich auf diesem Bild, wie jemand, die tatsächlich viele

Fragen hatte – und den Mut, nach den Antworten zu suchen!

Als ich die Bibliothek des Berner Orchideenexperten Rudolf Jenny besuche, stellt er mir die Bücher vor, die er über Orchideensammler geschrieben hat. Die Reihe heißt *Of Men and Orchids*, angelehnt an John Steinbecks *Von Mäusen und Menschen* (Engl.: *Of Mice and Men*). Kürzlich jedoch, meinte er, habe ein Kollege ihn gescholten, es sei recht chauvinistisch von ihm, die Frauen in der Forschung komplett auszulassen. Das Problem ist natürlich ein semantisches, für das Jenny gar nichts kann: Das englische Wort »Man« wird oft mit »Mensch« übersetzt, als wären Frauen eine undefinierte andere Art von Lebewesen. Jenny arbeitet nun an einem Buch mit dem Titel *Of Women and Orchids*. Während er jedoch über die Männer mehrere Bände schreiben konnte, wird es über die Frauen vermutlich nur einen geben. Das Problem ist nicht nur, dass es in der Geschichte der Orchideenforschung nur wenige Frauen gab, sondern dass über ihr Leben außerdem nur sehr wenig bekannt ist. Viele von ihnen (und viele sind es ja gerade nicht), die heute noch für ihre Orchideenforschung bekannt sind, haben vor allem botanische Illustrationen für die Sammlungen von Männern angefertigt. Es war offenbar ein Handwerk, das man ihnen bedenkenlos zumuten konnte.

Eine nennenswerte Forscherin und Illustratorin war die Engländerin Florence Woolward, die von 1854 bis 1936 lebte. Sie zeigte bereits im Teenageralter eine besondere Begabung für das Zeichnen und hielt die Natur rund um ihren englischen Heimatort Belton in Skizzen fest. Als Autodidaktin entwickelte sie ein gutes Auge für Einzelheiten, differenziert noch durch das botanische Wissen, das ihre Eltern ihr vermittelten. Der Diplomat Lord Schomberg Kerr[3] beauftragte sie mit der Illustration seiner Orchideensammlung. Angeblich soll diese sogar die Sammlung von Kew Gardens in den Schatten gestellt haben.[4] Woolward veröffentlichte ihre Werke von 1891 bis 1896 schließlich in Teilen unter dem Titel *The Genus masdevallia*. Weil sie keinen Botaniker finden konnte, der die Texte zu den einzelnen Tafeln schrieb, verfasste sie diese kurzum selbst. Allerdings wurden ihr – wie im neunzehnten Jahrhundert bei Frauen üblich – diese Texte zunächst gar nicht zugeschrieben. Im Jahr 1892 schrieb ein Rezensent über das Fehlen ihres Namens: »Miss Woolward, die für das gesamte Werk verantwortlich ist, hat die unglückliche Bescheidenheit überwunden, die es früher nicht zuließ, dass ihr Name auf dem Umschlag erschien …«[5] Bis 1899 hatte Woolward vierhundertzwölf Abbildungen für Kerr angefertigt.[6]

Bis heute sind viele der Illustrierenden Frauen. Sie arbeiten natürlich längst nicht mehr nur von ihren Schreibtischen aus, sondern reisen dafür selbst um die Welt. Doch auch schon im neunzehnten Jahrhundert erlebten Europäerinnen Abenteuer. Eine von ihnen war Anna Maria Walker, die 1778 in Edinburgh geboren wurde. Jahrzehnte bevor das Orchideenfieber die britische Gesellschaft erfasste, hatte Walker den Wert der Orchideen bereits erkannt. Sie reiste 1837 durch das ländliche Sri Lanka, wo sie Orchideen und andere Pflanzen sammelte, die sie abends bei Kerzenlicht illustrierte, ohne die Bilder allerdings zu kolorieren. Die Blumen waren zu empfindlich, um nach England verschifft zu werden, und als Herbarbelege wären ihre Strukturen und Farben vermutlich nicht erhalten geblieben, weshalb Walkers Illustrationen und Notizen zu den einzelnen Gewächsen als »Arbeitsproben«

für die britischen Wissenschaftler galten. Walkers Arbeit half ihnen dabei, die Pflanzen zu beschreiben, zu benennen und zu ordnen. Walker, geborene Patton, mit Mitte zwanzig noch unverheiratet, begleitete ihren Vater, Colonel Robert Patton, 1801 auf die südatlantische Insel St. Helena, wo er als Gouverneur amtierte. Es ist sehr wahrscheinlich, dass Walker eine künstlerische und botanische Ausbildung erhielt. Sie zog schließlich nach Indien, wo sie den ehrgeizigen Armeekapitän George Warren Walker heiratete. Im Jahr 1819 siedelte das Paar nach Ceylon über, dem heutigen Sri Lanka, wo Walker 1833 als erste Frau den Adam's Peak, einen 2.243 Meter hohen Berg im zentralen Hochland Sri Lankas, bestieg. Sie reiste auf Sänften durch Südostasien, die von einheimischen Männern getragen wurden. Ihre Neugierde gegenüber den Menschen, auf die sie angewiesen war, schwankte zwischen Demut und Ungeduld. Walker lobte die Männer, die ihre Orchideen sammelten, und wusste, dass sie – gefangen wie sie war in ihrer hölzernen Transportkiste – auch schnell von ihnen im Stich gelassen werden konnte, sollte zum Beispiel ein Elefant sie angreifen – »und wer könnte es ihnen verdenken?«.[7] Aber sie beklagte sich auch über jene, die sich nicht »zur Arbeit zwingen«[8] ließen und die Sammlergruppe verließen.

In Großbritannien wurden Walkers Illustrationen auf Tafeln übertragen, eine Arbeit, die oft ebenfalls von Frauen ausgeführt wurde. Die Bilder veranschaulichten dann detaillierte wissenschaftliche Texte zu Pflanzen. Auch Lindley stützte sich bei seinen Studien unter anderem auf Walkers Illustrationen, meinte aber, die Botanik sei eine Wissenschaft für »die ernsten Gedanken eines Mannes« und damit mehr als nur ein »Vergnügen für Damen«. Walker erkannte früh, welchen Schaden das maßlose Sammeln von Orchideen in den Wäldern Ceylons anrichtete. Waldgebiete wurden zu Privateigentum, das »gerodet und bepflanzt werden soll, so schnell es die spärliche Bevölkerung zulässt«.[9] Aber auch sie konnte der großen Vielfalt der Wälder nicht widerstehen. Sie starb im Alter von vierundsiebzig Jahren an der Malabarküste. Bis heute ist sie am besten für die Forschung an Orchideen bekannt, auch wenn viele ihrer Illustrationen nie veröffentlicht oder von ihren Kollegen anerkannt wurden.[10]

»Wenn Sie über die Frauen schreiben«, rät mir Rudolf Jenny, während wir gemeinsam durch seine Datenbank bedeutender Orchideenforscherinnen scrollen, »schreiben Sie unbedingt über Andrée Millar – die Frau war ein richtiges Flintenweib!«. Dem scheint auch Chris Heysen zuzustimmen, ein australischer Orchideenliebhaber, der Millar 1964 auf einer Expedition in Neuguinea kennengelernt hatte. Er beschreibt die erste Begegnung mit ihr in seinem Essay *Our Life's Journey with Orchids* (dt.: »Unsere Lebensreise mit Orchideen«):

> »Das Jahr: 1964. Ich war ein 21-jähriger Landwirtschaftsbeamter, der in Mumeng stationiert war, etwa 14 bis 15 Stunden Fußmarsch entfernt – es gab keine Straße, nur Wanderwege im Dschungel [...] Ein paar Stunden später war das leise Summen eines Motors zu hören, das lauter wurde, als das kleine Flugzeug das Tal umkreiste, um vor der Landung an Höhe zu verlieren. Das ganze Dorf war am Rande der Landebahn aufgereiht, als eine Gruppe von drei oder vier Frauen, alle in gut getragener, praktischer Buschkleidung und festen Wanderstiefeln aus der Cessna ausstiegen. In ihrer Mitte befand sich eine große Frau, die sofort mit lauter Stentorstimme und in perfektem Pidgin

> anfing, Befehle an alle und jeden zu erteilen. Sie brauchte offensichtlich überhaupt keine Hilfe. Sie entdeckte mich in der wartenden Menge – ich war nicht schwer zu erkennen, denn ich war das einzige weiße Gesicht in dem Meer von braunen. ›Und wer sind Sie?‹, fragte sie. Ich stellte mich zaghaft vor. ›Ah ha – Didiman! [Pidginenglisch für Landwirtschaftsbeamter] – du kannst helfen, einige der Bois [Dorfbewohner] zu organisieren, damit sie Orchideen für uns finden!‹
> So kam es zu meiner ersten Begegnung mit Andrée [sic] Millar! Sie und ein paar Freunde waren dort, um Orchideen für den Botanischen Garten in Lae zu sammeln.« (Anmerkungen in Klammern von Chris Heysen).[11]

Heysen bezeichnet Andrée Millar als Schlüsselfigur der australischen Orchideenkultur, doch viel ist über die Australierin nicht bekannt. Ihr Buch, das ich am Anfang des Kapitels erwähnt habe, *Orchids of Papua New Guinea*, ist hochwissenschaftlich, illustriert mit Zeichnungen und Fotos, die Millar als Forscherin auszeichnen, aber wenig über ihre Person erzählen. Sie schreibt mit erfrischender Direktheit: »Nur ein Narr würde sich über das gesamte Ausmaß des Lebensraums einer bestimmten Art belehren lassen, solange ein so großer Teil des Landes noch Urwald ist.«[12] An manchen Stellen in dem Buch gibt Millar einen Einblick in ihr abenteuerliches Leben auf der Suche nach Orchideen:

> »Damals war die Reise zu den Ymas-Seen eine anstrengende und sehr teure Angelegenheit. Wir verließen Lae in einem Fokker-Friendship-Flugzeug in Richtung Wewak und charterten am nächsten Tag ein kleines Flugzeug, das uns nach Angoram brachte. Hier erhielten wir das Regierungskanu, das etwa 12 m

lang und aus einem großen Baumstamm ausgehöhlt war und über einen Außenbordmotor verfügte. Am Morgen des dritten Tages machten wir uns mit dem Kanu auf den Weg zum Patrouillenposten Amboin. Wir fuhren über elf Stunden den mächtigen Sepik hinauf, bogen am späten Nachmittag in den Karawari-Fluss und dann in den Arafundu-Fluss ein und kamen schließlich bei Einbruch der Dunkelheit in Amboin an.

Am Morgen des vierten Tages machten wir uns in einem kleineren Kanu auf den Weg zum Barat (einem Kanal, der durch den Sumpf zum See führt) und damit zum Ymas-See und den Sepik-Blues.«[13]

***

»Jeder kennt Geschichten von Frauen wie uns«, schreibt die US-amerikanische Autorin Mackenzi Lee, und vielleicht sind es die vielen exotischen Ziele, die ich recherchiere, vielleicht ist es das graue Hamburger Wetter vor meinem Fenster, aber ich für meinen Teil kann nicht anders, als mich ebenfalls auf ein instabiles Kanu in einen fernen Sumpf zu wünschen! Denn wie Lee sagt: »Jeder kennt die Geschichten von Frauen wie uns, und jetzt werden wir noch mehr von ihnen schreiben.«[14]

Zwölfte Station

DIE LITERATUR

Die Geschichten über Frauen und Orchideen schrieben sich fast von selbst: Orchideen, die sich in verführerische, wenn auch hinterhältige Frauen verwandelten, und Frauen, die zu Orchideen wurden, waren ein zentrales Element der Orchideenliteratur des neunzehnten Jahrhunderts. Kurzgeschichten wie »The Purple Terror« (1898, dt. »Der violette Schrecken«) von Fred White, John Blunts »The Orchid Horror« (1911, dt.: »Der Orchideenschreck«) oder der Roman *Woman of the Orchids* (1901, dt: »Die Orchideenfrau«) von Marvin Hill Dana lassen die Grenzen zwischen Frauen und Blüten verschwimmen. Der Leser schlüpft darin in die Rolle des männlichen Entdeckers, der von der Verheißung märchenhafter Blumen verführt wird in der Hoffnung, einer exotischen Frau näherzukommen. Ihre verführerische Kraft ist so stark, dass die Männer richtiggehend von ihnen abhängig werden. Frau und Orchidee verschmelzen zu einem einzigen Symbol des Bösen.

Es war eine vorwiegend männliche Autorenschaft, die diese Art von Literatur prägte. Sie ist eine Antwort auf das Unbehagen, das die frühen Frauenrechtsbewegungen des neunzehnten Jahrhunderts bei vielen auslösten. Bis dahin hatte sexuelle Lust als etwas gegolten, was nur Männer empfinden konnten. Die Forderungen der Frauen, sexuelle Belange eingeschlossen, brachten ein ganz neues Frauenbild in der Literatur hervor: die Femme fatale. Der Begriff kam in der englischen Sprache ungefähr zur selben Zeit auf wie die ersten organisierten Frauenrechtskampagnen um 1860. Er war Ausdruck einer existenziellen Angst vor den gesellschaftlichen Veränderungen, die Frauen forderten. Ein amerikanischer Zeitungsartikel erklärte seine Bedeutung 1879 folgendermaßen: »eine Frau, deren Einfluss einen Fluch für alle in ihrem Einflussbereich bedeutet«.[1] Ab 1890 setzten sich Frauenrechtlerinnen nicht mehr nur für ein allgemeingültiges Stimm- und Wahlrecht ein, sondern auch für ausgesprochen sexuelle Belange. Feministische Schriftstellerinnen schrieben in ihren literarischen Werken über »Neue Frauen« und meinten damit Frauen, die einen radikalen Wandel anstrebten. In vielen dieser Romane sind Frauen die Hauptfiguren, die nach dem Konzept einer freien Liebe lebten und nicht heirateten, sondern arbeiten gingen und dadurch ein bislang beispielloses Maß an Freiheit erlangten. Die Geschichten thematisierten unter anderem die Doppelmoral, die jeder Diskussion über männliche und weibliche Sexualität zugrunde lag. Zum Beispiel war es verheirateten Frauen gesetzlich verboten, ihren Männern den Geschlechtsverkehr zu verweigern. Manche Autorinnen bezeichneten das als eine Form der legalisierten Prostitution. Die Forderungen der Frauen nach sexueller und politischer Gleichheit verstörte viele Männer und auch manche Frauen. Selbst Männer, die grundsätzlich das Recht der Frauen auf Unabhängigkeit und Meinungsäußerung unterstützten, befürchteten, Frauen würden bald damit aufhören wollen, Ehefrauen und Mütter zu sein. Und wo käme dann die Gesellschaft hin?

Diese Angst äußerte sich auch in der neuen Orchideenliteratur, wo Orchideen zunehmend als weiblich dargestellt wurden.[2]

Ihr Debüt in der westlichen Literatur feierte die Orchidee allerdings schon wesentlich früher, und zwar – wie könnte es anders sein – in William Shakespeares *Hamlet* um 1600. Als Hamlets geliebte Ophelia im Fluss ertrinkt, spricht die Königin:

»Draus Kränze flocht sie phantasievoll mit Hahnfuß,
Taubnessel, Maßlieb und dem Knabenkraut,
Das freizüngige Schäfer derber nennen,
Doch Totenfinger beim Jungmädchen heißt.«[3]

Die Taubnessel heißt bei Shakespeare »long purples«. Viele Autoren verstehen darunter eine Orchideenart (im Gegensatz, offensichtlich, zum deutschen Übersetzer des Werks). Was die Schäfer »derber nennen«, sind bei Shakespeare die wenig poetischen, volkstümlichen Namen vieler Orchideengattungen wie das Knabenkraut. »Totenfinger« könnte der Gattung der Zungenstendel (*Serapias*) oder der *Dactylorhiza* entsprechen,[4] die unter anderem auch den volkstümlichen Namen »Fingerwurzen« trägt. Die Wurzeln dieser Erdorchideen gleichen eher menschlichen Fingern als Hoden.

Es scheint fast etwas ironisch, dass sich die jungfräuliche Ophelia ausgerechnet mit Symbolen der sexuellen Lust schmückt, als sie an ihrer Liebe zu Hamlet verzweifelt. Zugleich ist es aber kein Zufall, dass Shakespeare Ophelias letzte Szene mit Bildern von Sexualität und Tod verwebt. Diese Bildsprache sollte die Orchideenliteratur noch viele Jahre prägen. Das beste Beispiel dafür ist Ligers pseudoantiker Mythos von Orchis: Göttliche Schönheit vermischt sich darin mit unkontrollierter sexueller Leidenschaft und endet mit Orchis' Tod durch die Hand tobender Frauen. Grausamkeit und Sexyness gehören im Narrativ der Orchideen seit Jahrhunderten zusammen.[5]

Es ist also nicht verwunderlich, dass sich in den 1880er-Jahren ein Genre der Mörderorchideen etablierte, das bis ins zwanzigste Jahrhundert hinein Bestand hatte. Überall, so schien es, lauerten auf einmal Pflanzen, die nur die richtige Gelegenheit abwarteten, um ahnungslose (vornehmlich männliche) Menschen mit Haut und Haaren zu verschlingen. Nebst ihren mörderischen Absichten verfügen die Orchideen in diesen Geschichten oft über menschliche Intelligenz und weibliche Reize.[6] Unsere westliche Literatur hat selten etwas Skurrileres hervorgebracht.

In den neuen Literaturströmungen des neunzehnten Jahrhunderts nahmen die Orchideen gefährliche Charaktereigenschaften an: Fleisch fressende Orchideen und zu Blumen gewordene Femmes fatales, die einen unwiderstehlichen Reiz ausstrahlten, aber den Untergang der Männer herbeiführten, waren die ihnen erst verfallen. Den tropischen Pflanzen haftete eine Kombination aus Angst und Faszination an: fremde Krankheiten und hinterhältige einheimische Völker, die hinter jedem Busch lauerten, ganz zu schweigen von den exotischen Frauen, die nichts ahnende, naive Europäer zugrunde richteten. Veraltete Klischees wurden wieder aufgegriffen und vor dem Hintergrund des sozialen Wandels neu diskutiert: War es möglich, die Frauen, genau wie die wilden Orchideen, zu zähmen, damit die Männer Europas sich ihnen wieder vorbehaltlos nähern konnten?[7]

Herbert George Wells, ein Pionier der Science-Fiction-Literatur, veröffentlichte 1894 eine Kurzgeschichte mit dem Titel »Die seltsame Orchidee«. Im Gegensatz zu den haarsträubenden Abenteuergeschichten der frühen Orchideenjäger hatte Wells nicht den Anspruch, seine Erzählung als wahre Begebenheit zu verkaufen. Das erlaubte ihm, den Reiz und die Gefahren, die Orchideen umgaben, noch überhöhter und farbiger zu beschreiben. Seine Geschichte handelt von dem Orchideenliebhaber Winter-Wedderburn, der ein eher eintöniges Leben in einem Londoner Vorort führt und dessen einzige Leidenschaft ein kleines Gewächshaus voller Orchideen ist. Wedderburn sehnt sich nach Abenteuern, wie er seiner Haushälterin zu Beginn der Geschichte erzählt. Er möchte etwas erleben, so wie der Orchideensammler Batten es zu Lebzeiten tat:

> »Dieser Orchideen-Sammler war erst sechsunddreißig – zwanzig Jahre jünger als ich –, als er starb. Und er war zweimal verheiratet und einmal geschieden gewesen; er hatte viermal die Malaria, und einmal brach er sich den Oberschenkel. Er brachte einmal einen Malaien um, und einmal wurde er von einem vergifteten Pfeil verwundet. Und am Schluß wurde er im Dschungel von Blutegeln getötet. Es muß sehr beschwerlich gewesen sein, aber auch sehr interessant, weißt du – mit Ausnahme vielleicht der Blutegel.«[8]

Als sich Wedderburn dann auf den Weg zu einer Auktion macht, wo die Orchideen von Battens letzter Reise versteigert werden, ist er überzeugt, dass nun endlich etwas Aufregendes in seinem Leben geschehen wird. Und tatsächlich kehrt Wedderburn an dem Nachmittag mit mehreren Orchideen zurück. Unter ihnen ist auch eine unbekannte Art, die womöglich noch gar nicht beschrieben wurde. Dieselbe Orchidee wurde, wie Wedderburn seiner Haushälterin voll Begeisterung erzählt, bei Battens Leiche vorgefunden.[9] Wie diese Orchidee in der Blüte allerdings aussehen wird und ob sie überhaupt blüht, kann Wedderburn nicht wissen – ein Dilemma des Orchideenhandels, das der Erzähler bereits zu Beginn der Geschichte erläutert:

> »Beim Kauf von Orchideen spielt immer ein gewisser spekulativer Reiz mit. Man hat das braune geschrumpfte Knollengewebe vor sich, und im Übrigen muss man auf sein Urteil vertrauen, auf den Auktionator oder auf sein Glück.«[10]

Wedderburn kümmert sich jedenfalls liebevoll um die Pflanze, bis sie eines Tages auch tatsächlich blüht. Noch bevor Wedderburn die Blüte sieht, kann er sie riechen, »ein köstlicher, durchdringend süßer Duft, der jeden anderen in diesem vollgestopften, dampfenden Gewächshaus übertönte«.[11] Der Geruch und die Hitze sind überwältigend, und Wedderburn will das Thermometer prüfen, aber noch bevor er es erreicht, fällt er in Ohnmacht. Als er nicht zum Tee erscheint, sucht die Haushälterin nach ihm und findet Wedderburn im Gewächshaus auf dem Boden liegend:

> »Er lag mit dem Gesicht nach oben zu Füßen der seltsamen Orchidee. Die fühlerähnlichen Luftwurzeln schwebten nicht mehr frei in der Luft, sondern waren zu einem Bündel von grauen angespannten Seilen vereint, die mit ihren Enden sein Kinn, seinen Hals und seine Hände berührten.«[12]

Die Haushälterin begreift sofort, dass die Orchidee Wedderburn angegriffen haben muss. Sie befreit ihn von der Pflanze und ruft einen Arzt. Die Geschichte geht gut aus, und Wedderburn, knapp dem Tod entkommen, ist glücklich.

Lange bevor es den Begriff Science-Fiction gab, waren Wissenschaft und Fiktion bereits eng miteinander verwoben. Schließlich wird bis heute jeder wissenschaftliche Fortschritt von Geschichten ergänzt, interpretiert und weitergedacht. Es gehört zum Menschsein dazu, dass wir dauernd Antworten auf die Frage »Was wäre, wenn?« suchen. Erzählungen, sowohl über echte als auch über erfundene Orchideen, helfen uns, ihre Rolle in der Kultur besser zu verstehen.

Zur Jahrhundertwende um 1900 galten Orchideen als Symbol des Zusammenbruchs von Moral und traditionellen Werten. Und während viele Autoren sich und die Welt, wie sie sie kannten, davon bedroht sahen, fanden andere, vor allem die Vertreter der Dekadenzdichtung, darin einen Grund zum Feiern. Charakteristisch für diese literarische Strömung waren Selbstekel, Weltabscheu, allgemeine Skepsis, Freude an der Perversion und der Glaube an die Überlegenheit der menschlichen Kreativität über die Logik. Zu ihren Vertretern gehörten unter anderem Anton Tschechow, Thomas und Heinrich Mann und Oscar Wilde. Für sie verkörperten Orchideen eine Alternative zur herkömmlichen Form von Männlichkeit und Sexualität. Die scheinbare Künstlichkeit dieser Pflanzen, ihr exotisch-groteskes Aussehen, das sie in den Augen vieler Schriftsteller abstoßend wirken ließ, reizte Oscar Wilde. Er verabscheute den Ausdruck »exotisch« und erklärte 1891, bei dem Wort handle es sich um »die Wut des vorübergehenden Pilzes gegen die unsterbliche, bezaubernde und ausnehmend schöne Orchidee«.[13] Sie spielt eine maßgebliche Rolle in Wildes 1890 erschienenem Roman *Das Bildnis des Dorian Gray*. Dorians Mentor, Lord Henry Wotton, beschreibt an ihnen seine Unzufriedenheit mit der Welt um ihn herum:

> »Gestern schnitt ich eine Orchidee für mein Knopfloch. Es war ein wunderschön gesprenkeltes Ding, so wirkungsvoll wie die sieben Todsünden. In einem unbesonnenen Augenblick fragte ich einen Gärtner, wie sie heiße. Er sagte mir, es sei ein schönes Exemplar der Robinsoniana oder etwas ähnlich Fürchterliches. Es ist eine traurige Wahrheit, aber wir haben die Fähigkeit verloren, den Dingen hübsche Namen zu geben. Namen sind alles. Ich hadere nie mit Taten. Mein einziger Kampf richtet sich gegen die Wörter. Das ist der Grund, warum ich den vulgären Realismus in der Literatur hasse.«[14]

Wotton reicht Dorian ein namenloses gelbes Buch, das in einem »merkwürdig ausgeschmückten Stil, lebendig und dunkel zugleich«[15] geschrieben ist. »Es enthielt Metaphern, die so gewaltig wie Orchideen und ebenso subtil in der Farbe waren.« Im Laufe der Geschichte wird Dorian regelrecht besessen von dem Buch – so sehr, dass er sich gleich neun Ausgaben bestellt und sie in verschiedenfarbige Einbände binden lässt, die zu seiner jeweiligen Stimmung passen. Als Dorian später den Künstler seines Bildnisses ermordet (das an Dorians Statt immer älter und hässlicher wird, während er selbst jung und wunderschön bleibt), lässt er die Leiche von einem befreundeten Chemiker vernichten und bestellt zur Feier des Tages einen großen Strauß Orchideen. Die Bestellung ist vor allem ein Vorwand, um den Diener aus dem Haus zu schicken. Aber Dorian wünscht ausdrücklich so wenig weiße Blüten wie möglich: die Farbe der Reinheit, der Unschuld und der Demut – Charaktereigenschaften, die Dorian in der Geschichte nicht gerade an den Tag legt.

Auch Orchideen altern nicht, sondern erneuern sich Jahr für Jahr von innen heraus. So führen sie ein langes Leben in scheinbar ewiger makelloser Jugend.

Das namenlose Buch, das Dorian so fasziniert, gibt es im Übrigen wirklich. Es heißt *Gegen den Strich* und wurde 1884 von dem französischen Romancier Joris-Karl Huysmans geschrieben. Es handelt von dem französischen Adligen Jean Floressas Des Esseintes, der sich, vom Leben unbefriedigt und enttäuscht, fern von anderen Menschen in den Pariser Randbezirk zurückzieht. Des Esseintes denkt in langen inneren Monologen über die verschiedenen Gesellschaftsschichten nach. Im Schaufenster eines Blumengeschäfts sieht er »einen Mikrokosmos, in dem alle sozialen Kategorien und Klassen vertreten waren«. Nelken bezeichnet er als »arme, ordinäre Elendsblumen«, die »wirklich nur auf der Fensterbank einer Dachkammer zu Hause« sind. »Dumme Blumen wie die Rose« symbolisieren für ihn die Mittelschicht und gehören »in Töpfe, die in Porzellanvasen versteckt sind, die von netten jungen Damen bemalt wurden«. Der höchste Stand sind »exotische Blumen, die nach Paris verbannt und in Glaspalästen warmgehalten werden«. Sie leben »abseits und für sich und haben nichts mit den gängigen Pflanzen oder den bürgerlichen Blüten gemein«.[16] Zu ihnen fühlt er sich hingezogen, denn sie sind »seltene und aristokratische Pflanzen aus fernen Ländern, die durch geschickte Pflege in künstlichen Tropen, geschaffen mit sorgfältig regulierten Öfen, am Leben erhalten werden«.[17] Für Des Esseintes sind die Blumen ein Beweis dafür, dass der einst allmächtige

Schöpfer zu einem »irren Bastler« verkommen ist, dessen wundersame Erfindungen nur noch wie Spielzeug aussehen.

Nur die künstliche Züchtung durch den Menschen macht die Orchidee in Des Esseintes Augen zu einem Kunstwerk. Natur ist für ihn erst dann interessant, wenn sie Kunst nachahmt.

Als sich das neunzehnte Jahrhundert dem Ende neigte, stand das britische Empire, noch fünfzig Jahre zuvor das mächtigste Königreich der Welt, mit all seinen Kolonien vor dem Zusammenbruch. Gleichzeitig waren Orchideen als Zierpflanzen zwar weiterhin beliebt, aber sie wurden zunehmend auch mit Luxus, Reichtum und Künstlichkeit in Verbindung gebracht und galten als Symbol für die Trägheit der Reichen, die mehr und mehr als schwach und überflüssig galten.

Mit dem Übergang vom neunzehnten zum zwanzigsten Jahrhundert repräsentierten Orchideen somit eine wachsende Angst vor dem korrumpierenden Einfluss ausländischer Luxusgüter: »Wir sind überzüchtet«, klagte Richard Le Gallienne, ein Schriftsteller und Freund Oscar Wildes, über die Komplexität der modernen Welt. »Der einfache alte Typus der Männlichkeit ist längst in endlosen orchideenhaften Variationen verloren gegangen.«[18] »Orchideenhaft« oder *orchidaceous* war in Großbritannen zu einem Begriff geworden, um die Ablehnung von Ausländern auszudrücken. Die Menschheit schien genau wie die künstlich gezüchteten Treibhausorchideen schwach geworden zu sein. Sie konnte in der harten Wirklichkeit der Natur nicht länger überleben.[19] In der Angst vor dem Zerfall des Empires und der (männlichen) Kraft Englands entstanden eine große Zahl sehr unterschiedlicher Orchideengeschichten, viele von ihnen in der evangelikalen Zeitschrift *The Boy's Own Paper*. Das Magazin richtete sich an Jungen im Kinder- und Teenageralter und wurde unter anderem von der christlichen Organisation Religious Tract Society verlegt. Es erschien von 1879 bis 1961 wöchentlich (ab 1913 monatlich). Die Autoren taten ihr Bestes, um den jungen Lesern das Orchideensammeln als attraktives Hobby schmackhaft zu machen: »Es ist immer gut, ein Ziel für einen Spaziergang oder eine Expedition zu haben«, hieß es etwa in einer Ausgabe von 1879. »Und wenn du ein solches Ziel brauchst, empfehle ich dir gerade jetzt, auf Orchideenjagd zu gehen.«[20] Es war den Herausgebern ganz offensichtlich wichtig zu vermitteln, dass am Sammeln von Orchideen in keiner Weise irgendetwas Mädchenhaftes war, und 1892 erschien schließlich eine Reihe von Geschichten über zwei junge Orchideenjäger. Die Serie war so beliebt, dass sie 1893 als Buch mit dem Titel *The Orchid Seekers: A Tale of Adventure in Borneo* erschien.[21] Die Geschichten spielen 1856, ein Jahr, das »Botaniker und Amateure, die sich an diese Zeit erinnern, für ein goldenes Zeitalter halten«.[22] Held ist der deutsche Orchideensammler Ludwig Hertz, dessen Figur auf verschiedenen echten Sammlern basiert – ein unheimlich cooler Typ, wie dem Leser sofort klargemacht wird:

> »In seinen Strümpfen war er zwei Meter groß. Sein ovales Gesicht hatte die Farbe von poliertem Kupfer, gebräunt von der sengenden tropischen Sonne […] Er hatte nur einen Arm, den linken. Anstelle des rechten, der in einer Maschine verloren gegangen war, besaß er einen eisernen Haken, der so nützlich war wie die Finger mancher Menschen. In der Tat war seine Geschicklichkeit mit diesem gebogenen Stück Eisen etwas, über das man nur staunen konnte.«[23]

Hertz ist den Fängen wilder Tiere und Einheimischer entkommen, ist durch Sümpfe gewatet und hat die Fahrt über wütende Meere überlebt. Er nimmt die beiden Söhne eines Freundes mit auf Orchideenjagd, vermutlich mit dem Gedanken, aus ihnen richtige Männer zu machen. Weil das Buch 1856 spielt, mussten Darwin und seine häretischen Ideen gar nicht erst erwähnt werden. Dennoch tauchen viele von Darwins Forschungsergebnissen in der Geschichte auf, selbst die *Angraecum sesquipedale* wird erwähnt[24], und Hertz erklärt den Jungs, wie wundervoll die Natur sei: »Bear in mind, boys, vhen [sic] I say ›Nature‹ I mean ›Gott!‹« – »Denkt daran, Jungs, wenn ich ›Natur‹ sage, meine ich ›Gott!‹«[25]

The Orchid Seekers steckt voll übertriebener Männlichkeit, rassistischer Klischees und christlicher Moral. Vermutlich sehnten sich die Autoren zurück in eine Zeit, in der Männer wie Oscar Wilde unbekannt waren, der 1895 wegen seiner Homosexualität zu Zwangsarbeit verurteilt wurde. Es ist wahrscheinlich, dass *The Orchid Seekers* junge Männer ermutigte, von eigenen Abenteuern in fernen Dschungeln zu träumen und Botanik zu studieren. Immerhin verkaufte sich das Buch so gut, dass die Autoren noch eine Fortsetzung schrieben.

Je mehr Autoren die Orchideen zum zentralen Gegenstand ihrer Romane machten, desto komplexer wurde auch ihre kulturelle und gesellschaftliche Bedeutung. Ihre Verbindung mit Sex, Tod und Luxus führte die Orchideen allmählich weg von den fiktiven Urwäldern der Empire-Kolonien und in die modernen Städte hinein. Aus den Kannibalen von früher wurden nun Großstadtgangster, und anstelle heidnischer Götter wurden in diesen neuen Geschichten Sex und Geld angebetet. Die weißen, heldenhaften Orchideenjäger von einst sahen sich in ihrer Männlichkeit bedroht, die Orchideen aber gediehen auch vor dieser neuen Kulisse weiter.

Bis heute gilt als besonderer Reiz der Orchideenzucht, dass die Pflanzen nur mit großer Fürsorge und viel Geduld zur Blüte gebracht werden können. Viele Sammler, wie auch Roland Amsler bestätigt, waren und sind auf die großen, tropischen Orchideen aus, um sie wie Trophäen in Gewächshäusern ausstellen zu können. Dagegen sind die europäischen Erdorchideen geradezu unscheinbar. »Viele der britischen Arten erwecken den seltsamen Eindruck, kaum zum Pflanzenreich zu gehören«, schrieb der Schriftsteller und Botaniker Jocelyn Brooke 1950 in seinem Buch *The Wild Orchids of Britain*. »Wie einige der niedrigsten Formen des mikroskopischen Lebens scheinen sie im Grenzbereich zwischen der Pflanzen- und der Tierwelt zu existieren.«[26] Jene unscheinbaren Orchideen faszinierten ihn. Die zarten Wasserfarbmalereien in seinem Buch bieten einen starken Kontrast zu den eher üppigen Illustrationen der großen viktorianischen Monografien. Und obwohl die Orchideen in Brookes Beschreibungen fast etwas langweilig wirken, darf man nicht vergessen, dass manche der britischen Orchideenarten so selten sind, dass oft selbst geübte Sammler Mühe haben, sie zu finden. Der Autor schrieb auch Romane und verwendete Orchideen als Symbole für ein anderes, sanfteres Bild der Männlichkeit als jenes der testosterongeladenen tropischen Orchideenjäger. Brooke selbst war ein schüchternes Kind, hasste die Schule und verbrachte seine Zeit am liebsten mit dem Schreiben von Gedichten und in der Natur. Beim Ausbruch des Zweiten Weltkriegs trat er dem Royal Army Medical Corps bei und wurde zum Experten in der Behandlung von Geschlechtskrankheiten. Etwas an der

Kameradschaft und dem Armeeleben muss Brooke gefallen haben, denn als er nach dem Ende des Krieges keine Anstellung finden konnte, kehrte er in die Armee zurück. Erst mit dem Erfolg seines ersten Romans, *The Military Orchid*, 1948, verließ er das Militär.[27] Dieser Roman erzählt die Geschichte eines jungen Mannes, der dem Autor sehr ähnlich ist. Der Protagonist durchlebt eine idyllische Kindheit, sucht meist vergebens nach wilden Orchideen und verbringt einige Zeit in der Armee. Seine besondere Vorliebe gilt der *Orchis militaris*, deren Name von der helmähnlichen Form ihrer Blüte stammt. Brookes Interesse an Orchideen war, bei genauem Lesen, vermutlich nicht nur botanischer Natur. Über die Gegend von Dibgate in der englischen Grafschaft Kent, wo bis heute ein Militärstützpunkt steht, schreibt er, es handle sich dabei um »Grenzland, das nur von Soldaten bewohnt wird«:

> »Manchmal begegnete ich diesen Grenztruppen: Trupps im Training, die querfeldein liefen. In kurzen Hosen und Unterhemden stapften sie über die rauen Felder, ihre nackten Gliedmaßen vom scharfen Ostwind violett angelaufen, die roten Gesichter von stoischer Ausdauer gezeichnet. Sie schienen eine merkwürdige Variante der menschlichen Art zu sein – *Homo sapiens var. militaris* –, die wie das Helmknabenkraut nur in einigen abgelegenen, kalkhaltigen Gegenden abseits der ausgetretenen Pfade zu finden sind … Abgelegen und fremdartig zogen sie an mir vorbei, ohne mich zu grüßen, und kein Flackern menschlicher Gefühle verriet sich in ihren harten, fleischigen Gesichtern. Ich fühlte mich bei ihrem Anblick wie ein Fremder aus einer anderen Welt, dem jeder freundschaftliche Kontakt mit diesen Bewohnern eines fremden Landes unerbittlich verwehrt ist.«[28]

Der Protagonist fühlt sich von seiner eigenen Art abgeschottet. Der Zweite Weltkrieg steht kurz vor dem Ausbruch, er aber forscht lieber an den wilden Orchideen Englands, »tüftelnd, während Rom brennt«.[29] Ein Sachbuch über Orchideen zu schreiben ist schließlich ein guter Vorwand, die Politik zu ignorieren und weiter nach dem schier unauffindbaren Helm-Knabenkraut zu suchen. In einer schwermütigen, sanften Sprache erzählt Brooke die Geschichte eines schüchternen Mannes, der scheinbar vergebens nach Orchideen sucht, die ihn an Soldaten erinnern, und Soldaten begegnet, die ihn an Orchideen erinnern.

Später findet der Erzähler in der Nähe von Grabhügeln eine *Epipactis helleborine*, eine Breitblättrige Stendelwurz. Die Blume blüht nicht, und der Erzähler vermutet, dass sie es auch nie tun wird, weil sie das »sexuelle Problem« mithilfe von Selbstbestäubung für sich gelöst hat:

> »Nicht nur, dass sich die Blüten nicht öffneten, auch die dünne, papierartige Lippe verkümmerte in der Knospe, das Rostellum war verschwunden. Die Helloborine schien den ungleichen Kampf aufgegeben zu haben: Es war ein Fall von blumiger Introversion, ein evolutionärer Rückschritt zur autoerotischen Phase.«[30]

Psychologen der 1940er-Jahre glaubten, dass sich Sexualität in bestimmten Phasen entwickele. Eine davon war »autoerotisch« und entwickelte sich nach Durchlaufen einer homosexuellen Phase schließlich zur erwachsenen Heterosexualität heran. Homosexuelle Menschen waren demnach entweder in einem dieser Entwicklungsschritte stecken geblieben oder aber in eine frühere Phase zurückgekehrt.

Die Suche des Erzählers nach dem Helm-Knabenkraut ist zugleich eine Suche nach sich selbst und nach einer Liebe, die er wohl am liebsten in den Armen eines anderen Soldaten finden würde. *The Military Orchid* ist die Geschichte eines Mannes, der lernt, sich mit seiner eigenen Homosexualität abzufinden zu einer Zeit, in der Schwulsein noch immer ein Verbrechen war. Als es den Erzähler mit der Armee nach Italien verschlägt, nutzt er jede Gelegenheit, um nach Orchideen zu suchen. Dort stolpert er beinahe über eine Gruppe italienischer Soldaten in Camouflage, die mit der Landschaft zu verschmelzen scheinen.

Die Soldaten erinnern ihn an Echsen, und tatsächlich findet er ganz in ihrer Nähe eine Bocks-Riemenzunge, auf Englisch *lizard orchid*: »… diese legendäre Blume, die berühmteste englische ›Rarität‹, die ich Jahr für Jahr in den Kreidefelsen von Kent gesucht hatte – jedoch ohne Erfolg«.[31] Der Erzähler sammelt ein paar Orchideen, während er weiter die italienischen Soldaten, »unbeweglich wie Eidechsen«, beobachtet:

> »Eine Bocks-Riemenzunge zu pflücken – das hatte etwas Unheiliges, etwas eher Blasphemisches […] Ich pflückte noch mehrere und betrachtete mit staunendem Entzücken die langen, geschwungenen Lippen, zwei Zoll lang, an den Spitzen gespalten wie Schlangenzungen, die sich in zarten Spiralen aus den sich öffnenden Knospen entfalteten.«[32]

Vielleicht sind auch die Soldaten »etwas Blasphemisches«, und wer weiß, ob Brooke mit den »geschwungenen Lippen« nicht mehr als nur die der Orchideen meint. Die Orchideen konnten viele verschiedene Formen von Männlichkeit symbolisieren, und Brooke nutzte sie, um eine Art von Liebe anzudeuten, deren Name er in der Hälfte des zwanzigsten Jahrhundert noch immer nicht aussprechen durfte.[33]

Dreizehnte Station

DER WELTRAUM

Roland Amsler ist nicht der Erste, der den Orchideen mehr Bewusstsein zuschreibt, als man von Pflanzen vielleicht erwarten würde. Charles Darwin behauptete, die Ranken der Orchideen seien »empfindlicher als dein Finger; und wunderbar geschickt und scharfsinnig«.[1] Außerdem deutete er an, dass Pflanzen Pläne schmiedeten, Gelegenheiten abwarteten und Insekten zu ihrem eigenen Nutzen ausbeuteten. Einer der Grundgedanken der Evolutionstheorie ist, dass alle lebenden Geschöpfe einen gemeinsamen Vorfahren haben; ein Organismus, der theoretisch weder Tier noch Pflanze war, aus dem aber beides hervorgehen konnte. Darwin versuchte aufzuzeigen, dass es zwischen dem Pflanzen- und Tierreich keine unüberwindbaren Barrieren gibt. In ihrem Ansatz müssen demzufolge Pflanzen dieselben Fähigkeiten besitzen wie Tiere. Ein guter Beweis dafür ist die Venusfliegenfalle, eine Fleisch fressende Pflanze, die zwischen einer Fliege und einem kleinen Kieselstein unterscheiden kann. Diese Fähigkeit könnte durchaus ein kleiner Schritt sein in der Entwicklung einer einzelnen Zelle hin zu einem Wesen mit einem Bewusstsein.

Im Jahr 1884 veröffentlichte der Wissenschaftsjournalist John Ellor Taylor ein Buch mit dem Titel *The Sagacity and Morality of Plants: A sketch of the Life and Conduct of the Vegetable Kingdom* (dt.: »Die Scharfsinnigkeit und Moralität der Pflanzen: Eine Skizze des Lebens und des Verhaltens des Pflanzenreichs«). Aus der Evolutionsbotanik war eine neue Wissenschaft entstanden, die das »Verhalten« von Pflanzen untersuchte. Botanik, schrieb Taylor in der Einleitung, bestehe längst nicht mehr darin, so viele verschiedene Pflanzenarten wie möglich zu sammeln, »deren getrocknete und verschrumpelte Überreste allzu oft nur noch die Karikaturen ihrer lebendigen Schönheit sind«. Botanik sei, im Gegenteil, »nun eine Wissenschaft der lebenden Dinge und nicht der mechanischen Automaten, und ich habe mich bemüht, meinen Lesern einen Einblick in die Gesetze ihres Lebens zu geben«.[2]

Frühe Anzeichen von Intelligenz bei Pflanzen wahrzunehmen, fiel Taylor nicht schwer. Genau wie Menschen auch, hätten Pflanzen Vorlieben und Abneigungen. Auch Pflanzen bewegen sich in der Natur fort und haben eine Art Orientierungssinn dafür, wo sie wachsen können. Pflanzen nehmen ihre unmittelbare Umgebung nicht nur wahr, sondern reagieren auch auf sie. Die Spitze der Keimwurzel, schrieb er, funktioniere »wie das Gehirn eines der niederen Tiere; das Gehirn sitzt im vorderen Teil des Körpers, empfängt Eindrücke von den Sinnesorganen und steuert die verschiedenen Bewegungen«.[3] Jedes Merkmal höherer Tiere, darunter auch die menschliche Intelligenz, sei »entlang einer ununterbrochenen Abfolge von winzigen Schritten« gewachsen, vom kleinsten Tierkörperchen bis hin zu Shakespeare.[4]

Vom Ursprung der Arten hatte Darwin zwar berühmt gemacht, aber nur wenige seiner Zeitgenossen hatten die Zeit oder die Nerven, das Mammutwerk tatsächlich zu lesen –

ganz zu schweigen von seinen noch viel trockeneren Büchern über Botanik. Es waren Schriftsteller und Journalisten, die den Inhalt von Darwins Arbeiten erst einem breiten Publikum näherbrachten.[5] Die Pflanzen, über die sie schrieben, mussten aufregend sein und spannend beschrieben werden. Fleischfresser wie die Venusfliegenfalle eigneten sich dafür besonders gut. Und obwohl es keine Orchideen gibt, die Insekten fressen, tauchten sie regelmäßig in Erzählungen und Berichten auf. Autoren beschrieben die Komplexität ihrer Bestäubung und das Abhängigkeitsverhältnis von Blume und Insekt, das zu ihrer großen Vielfalt geführt hatte. Der Grund dafür, schrieb ein Autor, sei »scheinbar aus reiner Wollust, in Wirklichkeit aber, um die Befruchtung mit den seltsamsten und unwahrscheinlichsten Methoden sicherzustellen«.[6] Die Vorstellung, Orchideen könnten gewisse hinterhältige Charaktereigenschaften haben, wurde zwar von Darwin geprägt, aber es waren Schriftsteller, die sie nach 1862 für ein völlig neues Publikum zum Leben erweckten. So kommt es, dass Orchideen immer wieder als mordende Bösewichte in Erzählungen auftauchen. Bis dahin hatte man sich die Natur meist als gottgegebene Harmonie und Idylle vorgestellt, aber je mehr die Wissenschaft über die natürliche Welt lernte, desto stärker wurde sie in den Augen der Öffentlichkeit als Schauplatz tödlicher Wettkämpfe wahrgenommen. Die Darstellungen blutrünstiger Pflanzen waren nichts weiter als Spiegel eines gesellschaftlichen Wandels des späten neunzehnten Jahrhunderts. Die Theorie, dass Pflanzen Gottes Güte bewiesen, überzeugte viele Menschen nicht mehr. Erstaunlich viele fanden aber in der Vorstellung Trost, dass die Grenzen zwischen Menschen, Tieren und Pflanzen verschwammen. Sie erlaubte ihnen, sich viel mehr als

Teil der Natur zu fühlen. Die unpersönliche Präzision der natürlichen Auslese mochte zwar unnachgiebig und brutal wirken, aber sie war viel einfacher zu akzeptieren als der Gedanke an einen allmächtigen, großzügigen Gott, der sich für jedes einzelne Menschenleben interessierte, aber bereit war, im Namen der Schöpfung Grausamkeit zu erlauben: Warum musste die Fliege in der Höhle der Venusfliegenfalle leiden? Warum starben so viele Kinder so jung? Es war eine Erleichterung zu glauben, dass Gott zwar die Gesetze der Natur geschaffen hatte, deren Einfluss auf jedes individuelle Leben aber dem Zufall überlassen war.[7]

Auch in der Literatur verschwanden die Grenzen zwischen Menschen und Pflanzen weitestgehend. Die Menschen konnten auf einmal nicht nur sich selbst in den Pflanzen wiedererkennen, sondern die Pflanze auch in sich selbst. »Hätte die moderne Botanik auch nichts anderes getan, als diese kruden Ansichten abzuschaffen«, kommentierte der Wissenschaftsjournalist Taylor diese Entwicklung, »hätte sie schon Anspruch auf Dankbarkeit; aber sie hat mehr getan – sie hat uns gelehrt, Pflanzen als unsere Mitgeschöpfe zu betrachten, die denselben Lebensgesetzen unterliegen wie die Menschen selbst.«[8]

***

Eine meiner persönlichen Lieblingsgeschichten ist James Graham Ballards »Prima Belladonna«. Die Kurzgeschichte erschien 1956 im *Science Fantasy*-Magazin.[9] Ihr Held ist der Blumenladenbesitzer Steve, dessen Blumen nicht nur schöne Blüten tragen, sondern dazu auch noch musikalisch sind. Steves eintöniges Vorstadtleben wird aufgerüttelt, als eines Tages die wunderschöne Jane Ciracylides mit ihrer »satten patinagoldenen Haut und Augen, die wie Insekten aussahen«, den Laden betritt. Jane ist Sängerin und zieht ihr Publikum mit ihrer Stimme so in den Bann, dass es anfängt zu halluzinieren. Steve verliebt sich auf der Stelle in sie, aber das Interesse der Musikerin gilt seiner wertvollsten Blume, dem seltenen (und überdies fiktiven) Khan-Spinnenkraut. Die Blume kann mit ihrer Stimme 24 Oktaven erreichen, aber: »Wenn sie nicht viel Übung bekam, neigte sie dazu, in neurotische Moll-Transpositionen zu verfallen, die zu verhindern die reinste Hölle war.«[10] Als älteste Blume im Laden steckt das Spinnenkraut alle anderen Pflanzen mit seinem nörgeligen Verhalten an. Schön sei sie, gibt Steve zu, »aber böse«. Jane widerspricht ihm, die Blume sei nur stolz. Sie bringt das Spinnenkraut zum Singen, und seine Stimme ertönt plötzlich in einem tiefen Bariton. Dass die Orchidee so unverkennbar männlich ist, hebt Bellards Geschichte von den meisten anderen ab, in denen Orchideen fast immer weiblich sein mussten.

Jane »starrte konzentriert auf die Pflanze, ihre Haut stand in Flammen, die Insekten in ihren Augen zappelten wie verrückt«, und das Spinnenkraut streckte sich zu ihr hin, »Kelch aufrecht, Blätter wie blutrote Säbel«. Steve bietet seiner Angebeteten eine Stelle im Laden an, und mit ihrer Hilfe singen die Pflanzen bald schon in perfekter Harmonie. Die beiden beginnen ein Verhältnis, und für eine Weile scheint alles gut zu laufen, bis Steve eines Abends feststellt, dass sich Jane heimlich in den Laden zurückgeschlichen hat. Er geht ihr nach und hört die Musik, noch bevor er Jane sieht: »Das Spinnenkraut war auf das Dreifache seiner Größe angewachsen. Es ragte neun Fuß hoch aus dem zertrümmerten Deckel des Kontrollbeckens, seine Blätter waren geschwollen und aufgebläht, sein Kelch war so groß wie ein Eimer und wütete wie verrückt. Vornübergebeugt und mit zurückgeworfenem Kopf stand Jane.«[11]

Jane und die Pflanze bemerken Steve nicht, und er lässt sie im Laden zurück. Als die Musik aufhört, ist Jane verschwunden und das Spinnenkraut auf seine normale Größe zurückgeschrumpft. Am Tag darauf verwelkt es. Steve sieht Jane daraufhin nie wieder, aber: »Ich habe kürzlich gehört, dass eine Frau, die ihr sehr ähnlich ist, in den Nachtclubs diesseits von Pernambuco auftritt.«[12] Das Verhältnis zwischen Jane und der Orchidee ist insofern interessant, als dass in üblichen anderen Geschichten die Frauen Orchideen als Mittel zum Zweck benutzen, um Männer zu verführen. In diesem Fall ist es aber ganz einfach eine Liaison zwischen zwei unverwandten Arten.

***

Science-Fiction ist das Genre, das mich als Kind vermutlich am Nachhaltigsten geprägt hat. Es verband alle Dinge, die ich liebte: von Raumschiffen über dinosaurierartige Wesen bis hin zu Prinzessinnen. In der Science-Fiction sind dem Möglichen keine Grenzen gesetzt, weil es mehr als die eine Welt gibt, in der sich eine Handlung abspielen kann.

Ich erinnere mich, dass mein Vater in seiner Freizeit kleine Modellraketen zusammenbaute. Ich durfte still danebensitzen, während er mir die Raumfahrt erklärte und wie groß Raumschiffe wirklich sind. Natürlich flogen auch meine Barbiepuppen ins Weltall – und weil sie keine Astronautenanzüge hatten, hielten sie eben die Luft an. Da sie für ihre Rückkehr in die Erdatmosphäre auch keine Fallschirme hatten, musste die einzige Ken-Puppe unten bereitstehen und sie auffangen – wie ein echter Mann eben. (Die Raumfahrt war in meiner kleinen Spielzeugwelt allerdings nur den Frauen vorbehalten.) Bis heute liebe ich Weltraumopern: Liebesgeschichten, die sich zwischen Meteoritenstürmen und Alienangriffen abspielen, Irrfahrten inmitten der Sterne und Frauen mit fantastischen Frisuren, die in den Falten ihrer Gewänder Laserpistolen versteckt haben – *beam me up, Scotty!* John Boyds *The Pollinators of Eden* (dt.: »Die Bestäuber von Eden«) von 1969 ist so skurril, wie man sich eine Orchideenweltraumstory nur vorstellen kann. Der Roman erzählt die Geschichte von Dr. Freda Carton, einer Weltraumbotanikerin, die auf die Rückkehr ihres Verlobten, Paul Theaston, wartet. Jener befindet sich auf einer Exkursion auf dem Planeten Flora, um herauszufinden, wie die Orchideen dort bestäubt werden. Dort gibt es nämlich keine Insekten, aber was auch immer sie bestäubt, muss einen Geruchssinn haben, wie Paul in einem Brief an Freda berichtet: »Sie verströmen einen so betörenden Duft, dass, wenn ich ihn in Flaschen abfüllen und nach Hause schicken könnte, er in neun Monaten die gesamte Umwelt der Erde zerstören würde.«[13] Als Paul nicht zurückkehrt, beschließt Freda, selbst nach Flora zu reisen, um nach ihm zu sehen. Sie findet ihn auf einer Insel, umgeben von riesigen Orchideen. Anstelle hermaphroditischer Blüten haben die Blumen eigene Geschlechter entwickelt.

Paul hat in Erfahrung gebracht, dass die Orchideen von großen schweineähnlichen Tieren bestäubt werden. Aber es gab wohl zu viele von ihnen, und sie zerstörten den Orchideenhain, bis Fleisch fressende Orchideen die Tiere schließlich ausrotteten. Er führt Freda zu Susy, seiner Lieblingsorchidee. Susy umarmt Freda und »ihre unteren Ranken gleiten zwischen ihre Schenkel, küssen sie erst leicht und dann immer lustvoller, als sie die Zonen höchster Erregung finden«.[14] Freda schläft zunächst mit einer männlichen, dann mit einer weiblichen Orchidee und bestäubt sie auf diese Weise. Die Orchideen können menschliche Lust offenbar nicht nur fühlen, sondern auch anregen. So bekommt Freda im Gegenzug für ihre Dienste zwar keinen Nektar, aber dafür sexuelle Befriedigung. *The Pollinators of Eden* mag die einzige Orchideengeschichte sein, in der eine lesbische Sexszene zwischen einer Orchidee und einer Frau vorkommt, zugleich passt sie aber gut ins Narrativ der Orchideenliteratur. Auch bei Boyd sind Dekadenz und Untergang zwei wichtige Motive: Der Planet Flora kreist um eine uralte Sonne, deren Verglühen unmittelbar bevorsteht. Die Evolution hat ihren Lauf genommen, und es kann keinen weiteren Fortschritt mehr geben. In dieser Dystopie stellen die Orchideen einen Endpunkt der Evolution dar.

Während Freda und Paul auf Flora weilen, wird auf der Erde diskutiert, ob der Planet kolonialisiert werden soll. Die Weltraummarine ist skeptisch: Viele Männer haben auf Flora sowohl Kleidung als auch jegliche Hemmungen verloren und sind in den Blumenhainen verschwunden. Auch der Senator ist dieser Idee abgeneigt, weil er glaubt, »die moralische Faser unserer Gesellschaft« würde daran Schaden nehmen.[15] Wie schon Jahrhunderte zuvor zeigen sich hier die Befürchtungen, zivilisierte Männer könnten von den sinnlichen Verführungen eines fernen Landes (bzw. Planeten) verdorben und wie die Einheimischen werden. Das Buch endet mit einer Gruppe von Kolonialisten, die dennoch in den Weltraum fahren, um Flora zu besiedeln. Aus der Paarung von Menschen mit Orchideen, glauben sie, werde eine so widerstandsfähige Spezies hervorgehen, dass sie nicht nur den Untergang des Planeten, sondern des ganzen Universums überstehen könnte. Würde man diese Nachfahren dann ins Weltall weit außerhalb von Raum und Zeit schicken, könne es vielleicht gelingen, menschliche DNA in ein zukünftiges Universum zu transportieren und dem Menschen für die weitere Evolution einen Vorsprung zu verschaffen. Und um das Ganze noch abzurunden, bringt Freda sogar tatsächlich ein Orchideenbaby zur Welt.

Ich muss zugeben, dass selbst ich als Fan von Science-Fiction *The Pollinators of Eden* nicht so richtig zu verorten weiß. Der Roman wirkt ein bisschen wie der feuchte Traum eines sonderbar angefressenen Orchideenliebhabers, ganz zu schweigen von der betont männlichen Sichtweise auf die weibliche Sexualität. Hinzu kommt, dass der Sex zwischen den Pflanzen und Freda nicht immer ganz einvernehmlich vonstattenzugehen scheint. Zugleich ist die Vorstellung, dass Pflanzen menschliches Begehren ausdrücken und entfachen können, nicht weit von der Wirklichkeit entfernt: von Blumen, die wir einander zum Valentinstag schenken, bis hin zur verbotenen Frucht im Garten Eden. Pflanzen sind mit menschlichem Begehren verbunden, und der Gedanke, dass sie selbst ebenfalls begehren können, ist – zumindest für Science-Fiction-Autoren – naheliegend.[16] Eine ganze Reihe ähnlicher Geschichten entstand vor dem Hintergrund kolonialer Erzählungen über ferne Dschungel und schöne, aber todbringende Frauen. Befreit von ihrer Erdgebundenheit, waren dem Sexappeal der Orchideen keine Grenzen gesetzt. Auf übergeordneter Ebene lässt sich dieser Roman, abgesehen vom Sex zwischen Orchideen und Menschen, als Frage interpretieren, wie der Mensch mit der Natur als Ganzes umgeht. Pflanzen sind hier auf einmal mehr als nur eine Ressource, die sich nach Belieben ausnutzen lässt: Wie will der Mensch mit dem Wissen umgehen, dass Pflanzen Strategien und Ziele verfolgen können, um ihr Überleben zu sichern? Werden wir mit der Natur zusammenarbeiten? Oder werden wir sie gegen uns aufbringen?

In der Literatur wechselten Orchideen ihr Geschlecht im Laufe der Jahrhunderte fließend. Sie vertraten in Form von Orchis alle gewalttätigen und zerstörerischen Charaktereigenschaften des Mannseins, als Femmes fatales bezirzten sie dagegen ahnungslose Männer. Das Genre der Orchideenjägergeschichten zeigt in Zeiten gesellschaftlichen Umbruchs die Rückbesinnung auf eine traditionelle Männlichkeit: Blumen als Trophäen und Embleme männlichen Muts und jägerlichen Könnens. Orchideen standen darüber hinaus symbolhaft für jede Person, die sich weigerte, sexuellen Konventionen zu folgen.

Nicht zuletzt war es diesen neu gedachten Arten von Sexualität in der Orchideenliteratur des neunzehnten und zwanzigsten Jahrhunderts zu verdanken, dass die Wissenschaft entdeckte, wie ausgefallen das Sexleben der Orchideen tatsächlich ist. Erst als zahlreiche Schriftsteller die Orchidee als Frau und Verführerin neu erfanden und als Frauen anfingen, sich aktiv gegen überholte gesellschaftliche Normen und Stereotype zu wehren, entdeckte die Wissenschaft, mit welchen Tricks Orchideen ihre Bestäuber anlocken. Hier wird deutlich, dass die Welten von Fiktion und Wissenschaft oft gar nicht so weit auseinanderliegen, wie es vielleicht zunächst scheinen mag.

Die Fähigkeit, sich selbst zu bestäuben, beschäftigte nicht nur Brooke, als er über die Entdeckung der *Helleborine* schrieb, sondern vor ihm auch schon Charles Darwin: Wenn nämlich so viel biologische Energie und evolutionärer Zeitaufwand in die perfekte Anpassung geflossen waren, um eine Kreuzbestäubung überhaupt erst zu ermöglichen, wie kam es dann, dass manche Orchideenarten dennoch auf die Methode der Selbstbestäubung zurückgriffen? Das Bienen-Ragwurz zum Beispiel hat sich zwar ganz eindeutig an Bienen als Bestäuber angepasst, wird aber nur äußerst selten von den Insekten besucht, denen es doch so ähnlich sieht. Es verfügt über klebrige Drüsen, um das Pollinium auf dem Körper der Biene zu befestigen. Sein Aussehen kann demnach gar kein Zufall sein. Womöglich war der Bestäuber ausgestorben, vielleicht war die Orchidee gewandert, und am neuen Standort gab es den Bestäuber nicht mehr. Oder es gab ihn, aber andere Blumen lockten ihn stärker an. Die natürliche Selektion sorgte jedenfalls für eine derartige Veränderung der Orchideen, dass sie auf Selbstbestäubung zurückgreifen konnte. Dennoch war im zwanzigsten Jahrhundert noch immer nicht vollständig erforscht worden, wie die Bestäubung der Orchideen tatsächlich ablief. Warum sehen manche Orchideen aus wie Insekten? Und warum produzieren so viele Arten gar keinen Nektar?

Es war schließlich der Schweizer Botaniker Henry Correvon, der den Ball ins Rollen brachte. Correvon war der Vorsitzende des Schweizerischen Bunds für Naturschutz, heute Pro Natura. Er hatte Darwins Buch über Orchideen gelesen und dadurch Gefallen an den Blumen gefunden. Weil viele Arten in der Schweiz nicht wuchsen, bat er seinen Bekannten, den Kolonialrichter Maurice-Alexandre Pouyanne in Algerien, ein paar Studien für ihn durchzuführen. Zum Beispiel sollte er die Bestäubung nordafrikanischer Orchideen durch Insekten beobachten. Pouyannes Arbeit war auf die Art der *Ophrys speculum* konzentriert, deren Lippe umrandet ist von langen rotbraunen Härchen, die den Härchen am Körper vieler Insekten gleichen. Die Wespen, die zwar regelmäßig diese Blume anfliegen, suchen in der Orchidee aber nicht nach Nektar. Pouyanne beobachtete, wie die Wespe rang, sobald sie sich in einer Blüte befand:

> »Sie stürzen sich auf die *Ophrys*. Manchmal stoßen zwei oder drei von ihnen auf der gleichen Blume zusammen, bis eine von ihnen … den Platz in Besitz nimmt. Dann landet sie auf der Lippe, mit dem Kopf in Richtung Narbe, direkt unter den Pollinien, und ihr Hinterleib taucht unten in die langen roten Haare ein, die wie die bärtige Krone der Lippe aussehen. Die Oberseite des Hinterleibs bewegt sich mit unordentlichen, fast krampfartigen Bewegungen gegen diese Haare, und das Insekt zappelt herum.«[17]

Nach diesen Bewegungen bleibt das Pollinium am Insekt kleben und gelangt so in die nächste Blüte. Und noch etwas stellte der Hobbybiologe fest: Alle Wespen waren Männchen. Diese krampfartigen Bewegungen fanden nur in den ersten Wochen nach dem Schlüpfen statt, wenn noch keine Weibchen herumschwirrten. Die Insekten versuchten sich mit den Orchideen zu paaren! Die Orchideen nutzten also den Zeitraum zwischen dem Schlüpfen der Männchen und der Weibchen aus.

Pouyanne führte eine Reihe von Experimenten durch. Er stellte zum Beispiel fest, dass, wenn er das Labellum der Orchidee entfernte, aber alle anderen Blütenteile intakt ließ, die Blume von den Insekten vollständig ignoriert wurde. Das bestätigte immerhin die Bedeutung der Ähnlichkeit des Labellums mit den Insekten. Ihre leuchtende Farbe schien dem Schillern der weiblichen Wespen zu gleichen. Die Weibchen wurden von der Blume außerdem gar nicht angezogen. Im Gegenteil: Hielt ihnen Pouyanne die Blüte hin, flogen sie weg. Er glaubte, dass der Blütengeruch eine weitere Rolle spielte. Um diese Theorie zu testen, versteckte er ein paar Blüten unter Zeitungspapier – die männlichen Wespen fanden sie trotzdem.[18] Er lieferte auch die erste adaptive Erklärung für die insektenförmigen Blüten der *Ophrys*. Seiner Meinung nach waren sie das Ergebnis einer komplexen sexuellen Nachahmung, die visuelle, taktile und chemische Signale umfasste.[19]

Die Theorie der Insekten-Blumen-Mimikry kam nach Veröffentlichungen wie jener von Pouyanne sehr in Mode. Dennoch blieb ein erheblicher Teil der Wissenschaftler und Naturforscher sehr skeptisch, was die neu entdeckten Bestäubungsmechanismen anging. Sie behaupteten, das Phänomen sei zu unwahrscheinlich und basiere auf Deutungen, die auf Anthropomorphismus schließen ließen. Das Problem war nicht, dass Orchideen bei der Bestäubung auf die Hilfe von Insekten angewiesen waren, sondern vielmehr das Verhalten, das die männlichen Bienen und Wespen beim Kontakt mit den Blüten an den Tag legten.[20]

Ein paar Jahre später entdeckte Edith Coleman, eine australische Hobbybotanikerin, ein ähnliches Phänomen. Coleman arbeitete als Lehrerin, wurde aber nach ihrer Heirat aufgrund der geltenden Konventionen vom Lehrberuf ausgeschlossen. Das Paar lebte außerhalb von Melbourne, wo Coleman viel Zeit in der Natur verbrachte.[21] Ihre besondere Leidenschaft galt den Orchideen: »Es gibt wohl kein faszinierenderes Hobby als das Erforschen von Orchideen. … Für mich ist die Liebe zu diesen zarten Blüten keine einsame Verbundenheit.«[22] Sie entdeckte mehrere neue Arten und war zudem eine Pionierin der Naturfotografie. Ihre Tochter hatte ihr von einer Wespe erzählt, die auf einer Orchidee landete und rückwärts in die Blüte eindrang. Coleman ging dem nach und stellte fest, dass die Blume keinen Geruch zu haben schien. Das Labellum aber erinnerte vage an den Körper eines Insekts. Sie stellte fest, dass die Orchidee und die Wespe in einer Art Umarmung verkeilt waren. Es kostete die Wespe einige Anstrengung, sich daraus zu befreien, »was die Blume erschütterte«.[23] Auch hier schien es, als würde sich die australische Wespe mit der Orchidee paaren wollen. Aus Pouyannes Schriften schloss Coleman: »[Die Wespen] suchen weder Nektar noch essbares Gewebe, sondern folgen einem unwiderstehlichen Sexualtrieb.«

Coleman war jedoch überzeugt, dass die äußerliche Ähnlichkeit allein nicht ausreichte, um die Anziehung zu erklären: »Die Tatsache, dass eine einzige Blüte ein Insekt aus der Ferne anlockt, deutet darauf hin, dass der Duft, auch wenn er so subtil ist, dass er unserer Aufmerksamkeit entgeht, sehr leicht auf eine Wespe übertragen wird.«[24]

Edith Coleman untersuchte anschließend das Phänomen der Scheinpaarung bei vielen anderen einheimischen Orchideenarten. Sie lebte in einem Hotspot der sexuellen Täuschung im Orchideenreich – von den bekannten Orchideengattungen, die sexuelle Täuschung auf Insekten anwenden, stammen die meisten aus Australien. Coleman war die Erste, die ihre Theorie beweisen konnte, indem sie Wespensperma in der Blume nachwies. Sie war außerdem die erste Orchideenexpertin, die das Phänomen fotografisch festhielt. Unabhängig voneinander kamen verschiedene Forscherinnen und Forscher zur selben Schlussfolgerung: Durch Mimikry, also die Nachahmung von Geruch und äußerer Erscheinung, machten die Orchideen die männlichen Wespen glauben, ihre Blüten seien weibliche Tiere.[25] Durch natürliche Auslese wurden Aussehen und Duft so angepasst, dass die Männchen ihre Rolle als Bestäuber behielten, aber von der Blume nichts zurückbekamen: »Mit einer kaum zu glaubenden machiavellistischen List lockt die Orchidee das arglose Insekt in ihren Dienst [...] Wer den Bestäubungsakt aufmerksam verfolgt, gewinnt immer mehr an Überzeugung von der Klugheit der Pflanzen«, so Coleman.[26]

Darwin war der Überzeugung, dass Männer Frauen gegenüber überlegen waren, weil sie in einem evolutionär bedingten Wettkampf miteinander standen. Das gleiche Prinzip wandte er auch auf die Natur an, wo er die Bestäubung als etwas betrachtete, was allein von den Insekten ausgehen konnte. Um die evolutionären Beziehungen zwischen Insekten und Pflanzen zu entdecken, hätten Darwin und seine Zeitgenossen sowohl die Frauen als auch die Pflanzen als Wesen mit sexuellen Interessen erkennen müssen.

Vierzehnte Station

TAUBERGIESSEN BEI FREIBURG

»Aber wo kommen die Orchideen denn ursprünglich her?«

Eine fast philosophische Frage, die mir immer wieder gestellt wird. Die Vorstellung, dass Orchideen auch in West- und Mitteleuropa beheimatet sein könnten, fällt vielen schwer. Natürlich haben die Erdorchideen, die etwa in Deutschland, Österreich und der Schweiz wachsen, auf den ersten Blick kaum Ähnlichkeit mit den Blumen, die wir aus dem Supermarkt kennen. Die Antwort lautet dennoch: Orchideen wachsen überall, außer in Wüsten und der Antarktis. Sie wachsen auf unseren Magerwiesen, in Wäldern, auf Tausenden von Metern Höhe in den Anden, in tropischen Regenwäldern und in Sümpfen. Manche haben sich an lange Trockenphasen angepasst, andere überstehen Zeiträume unter Wasser. In Deutschland sind ungefähr sechzig Orchideenarten zu Hause, die ab Mitte April zu blühen beginnen. Da sie auf fettigen Wiesen nicht wachsen können, kommen Orchideen konzentriert auf kalkhaltigen Magerwiesen vor. In den bekannteren Gebieten weisen kleine Pfade durch das Gras auf sie hin. So mancher begeisterter Orchideenliebhaber trampelt den Boden im wahrsten Sinne des Wortes nieder, um seine Lieblingsblume von Nahem fotografieren zu können.

An einem warmen Junitag wandere ich mit Rainer Baumann durch das Naturschutzgebiet Taubergießen. Hinter den Feldern und der vor sich hin dümpelnden Tauber ragt der Europapark im Städtchen Rust in die Höhe. Schreie aus den Achterbahnen durchsetzen hier und da das Zirpen der Grillen und das friedliche Plätschern des Flusses. Die Gegend ist für die große Vielfalt an wilden Orchideen bekannt, die hier wachsen. Früher gab es einen ausgeschriebenen Orchideenwanderweg, der inzwischen von den Karten genommen werden musste: zu viele Trampelpfade und zu viele Orchideenwilderer – nicht zuletzt jene von 2019.

Rainer Baumann ist im Taubergießen groß geworden und führt Besucher mit dem Boot über die Blinde Elz, die im Volksmund auch Tauber genannt wird und dem Naturschutzgebiet seinen Namen gegeben hat. Es ist ein Geschäft seines Vaters, das er in Familientradition weiterführt. Eine Handvoll Gästeführer bietet die Touren noch immer an. Baumann ist Anfang vierzig und hat eigentlich einen Bürojob, die Wanderungen macht er nebenberuflich. Die Orchideen sind seine Leidenschaft. Bereits vor unserem Treffen schickt er mir über WhatsApp immer wieder Fotos gerade aufgegangener Blüten. Während er uns über die Tauber rudert, erzähle ich Baumann von meinem Besuch bei der Kriminalpolizei in Offenburg. Dabei schüttelt er verständnislos den Kopf. Er glaube nicht, dass es wirklich die Wildschweine waren, die 2019 die ganzen Orchideen ausgruben. »Dafür waren es viel zu viele Orchideen auf einmal – und seither ist es nicht wieder passiert. Wie kann das sein?«

Eine Stunde später steigen wir aus dem Boot und beginnen die Wanderung zu Fuß zurück zur Zuckerbrücke, dem Ausgangspunkt unseres Ausflugs. Um uns herum blühen die

Orchideen in ihrem wilden, leuchtenden Lila. Die Bocksriemenzunge, benannt nach ihrem ziegenähnlichen Geruch, die Pyramidenorchidee mit ihrer Pyramidenform, das Bienen-Ragwurz, dessen Blüte einer Biene zum Verwechseln ähnlichsieht. Etwa zwanzig verschiedene Orchideenarten wachsen allein im Taubergießen. Baumann ist ein hervorragender Orchideenbeobachter-Beobachter. »Hier sind wieder zwei«, raunt er mir zu und nickt in Richtung eines älteren Ehepaars, ausgestattet mit Spiegelreflexkamera und Orchideenbuch. Die Blicke der beiden gleiten suchend über die Wiese. Alle paar Meter bleiben sie stehen, gehen in die Knie, riechen an einer Blüte, machen ein Foto. Ich stelle mir vor, dass Orchideen zu suchen und zu fotografieren sich ein bisschen anfühlen muss wie eine Schnitzeljagd. Es macht einfach Spaß, Dinge zu suchen und sie zu entdecken.

Auf der Kehrseite jedoch ist das Wildern und Schmuggeln von Orchideen ein weltweites Geschäft. Viele Sammler, Botaniker und Gärtner vertreten sogar die Ansicht, es sei seit dem Inkrafttreten des Washingtoner Artenschutzübereinkommens noch schlimmer geworden. Die Convention on International Trade in Endangered Species of Wild Fauna and Flora (CITES), die 1973 in Washington von über hundert Staaten unterschrieben wurde, soll den illegalen Handel von wilden Pflanzen und Tieren einschränken oder ganz unterbinden. Ihr Ziel ist, die Bestände in der Natur zu schützen. Der Grad der Handelsbeschränkung hängt darum von der jeweiligen Tier- oder Pflanzenart ab. Die Orchideen stehen als ganze Pflanzenfamilie auf der Liste von CITES und sind in zwei Kategorien aufgeführt. Seltene und besonders gefährdete Arten fallen unter den strengeren Anhang I: Jegliches Sammeln und Handeln mit diesen Pflanzen ist verboten.

Alle anderen Arten gehören in den Anhang II: Persönlicher und wirtschaftlicher Handel sind begrenzt erlaubt, sofern das Exportland dem Sammler eine Genehmigung ausstellt.

Viele Orchideensammler ärgern sich über diese Vorschriften, weil sie ohne kostenpflichtige Formulare keine Orchideen über Landesgrenzen transportieren dürfen, egal wie klein die Menge oder gut ihre Absichten sind. Die wahre Bedrohung für viele Orchideen seien nämlich nicht sie, die Sammler, sondern der Verlust von Lebensraum. In vielen Ländern Lateinamerikas, Asiens und Afrikas werden riesige Flächen an Urwäldern einfach abgeholzt und seltene Pflanzenarten ohne Bedenken vernichtet. Wäre es den Sammlern erlaubt, diese Orchideen zu bergen, könnten sie sie in ihren Gewächshäusern beschreiben, züchten und vermehren, sie vielleicht sogar eines Tages wieder auswildern. Aber aufgrund der CITES-Regulierungen sind Sammler oft gezwungen, hilflos zuzusehen, wie ganze Wälder niedergebrannt werden, um Platz für Landwirtschaft zu schaffen, während die Orchideen buchstäblich in Flammen aufgehen.[1]

Viele Orchideen wachsen endemisch, das heißt, nur an einem einzigen Standort. Das kann eine Insel im Indischen Ozean sein oder auch nur ein Baum im Amazonas. Bei einem meiner Besuche erzählt mir Roland Amsler von einem Baum in Brasilien, an dem vierunddreißig Orchideen einer einzigen Art wuchsen: »Die kamen nirgendwo sonst vor. Zwei Jahre später, BÄM! Der Baum wurde gefällt. Kaum entdeckt, schon zerstört. So schnell geht das.«

Das Sekretariat von CITES hat seinen Sitz in Genf im internationalen Umwelthaus. Es ist ein riesiger Gebäudekomplex, der mehr aus Fenstern als aus Haus zu bestehen scheint. *Maison Internationale de l'Environnement* steht in riesigen grünen Buchstaben auf dem Dach. Und im August, zwei Monate nach der Orchideenwanderung durch den Taubergießen, treffe ich mich mit Martin Hitziger aus der Science Unit von CITES in einem Genfer Café zum Gespräch. Hitziger ist für den Bereich Non-Timber Forest Products zuständig. Das sind, kurz gesagt, jene Pflanzen, aus denen keine Holzprodukte wie Möbel oder Feuerholz produziert werden können. Er stimmt den Sammlern zu: *Sie* sind schon lange nicht mehr das Problem. Bedrohlich für viele seltene Pflanzenarten seien Produzenten, die den Blüten ätherische Öle abgewinnen wollen oder die Tausende Knollen brauchen, um Salep herzustellen: »Ein Sammler will höchstens ein besonderes Pflänzchen in seinem Gewächshaus haben – damit tut er der Umwelt keinen Schaden«, sagt er. CITES existiere aber nicht, um Sammlern eine Hürde zu sein, sondern um großflächiges Wildern von Pflanzen zu verhindern. »Ich rede hier nicht von einem Pflänzchen, das meinetwegen mal über die Grenze geschmuggelt wird. Ich rede von riesigen Transportern, wenn ganze Kisten voller Orchideenknollen aus Afrika in die Türkei geschickt werden. Das sind ganz andere Mengenverhältnisse.« Die Mitgliedstaaten von CITES unterstehen einem Staatsvertrag, der dem Übereinkommen erlaubt, den internationalen Handel mithilfe rechtlicher Mittel zu kontrollieren. Die rechtliche Umsetzung obliegt jedoch jedem Mitgliedstaat selbst. Das Abholzen von Regenwäldern wiederum, betont Hitziger, sei in dem Vertrag nicht thematisiert. Er selbst kann natürlich herzlich wenig für die sterbenden Regenwälder, aber dem Ganzen scheint eine gewisse Ironie innezuwohnen: Dieselben Regierungen, die das Artenschutzübereinkommen unterzeichnet haben, erteilen auch die Bewilligung zum Abholzen von Regenwäldern.

CITES hat natürlich auch viele Unterstützer. Sammler haben vor allem im neunzehnten Jahrhundert ganze Wälder gerodet, um an wertvolle Orchideen zu gelangen. Es ist nicht verwunderlich, dass die Pflanzen vor Menschen geschützt werden, die mehr an Profit als an Nachhaltigkeit interessiert sind. Dennoch sind viele begehrte Orchideenarten seit der Gründung von CITES teurer und vor allem noch seltener geworden. In dem Abkommen sind alle Orchideenarten aufgeführt, auch wenn sie gar nicht gefährdet sind. »Es gibt ein Lookalike-Kriterium«, erklärt Hitziger. »Orchideen, die zwar selbst nicht gefährdet sind, aber einer gefährdeten Art zum Verwechseln ähnlichsehen.« Zöllner hätten keine Chance, sie auseinanderzuhalten.

Durch den begrenzten Import und Export von Pflanzen versucht CITES, das Interesse der Herkunftsländer zu wecken, die Bestände in der Wildnis zu schützen. »Würden wir Elefanten nur noch in europäischen Zuchtprogrammen am Leben halten wollen«, meint Hitziger, »dann hätten viele Staaten kein wirtschaftliches Interesse daran, sie auch in der freien Wildbahn am Leben zu erhalten und nicht den Trophäenjägern auszuliefern.« Elefanten sind im strengen Anhang I gelistet und dürfen international so gut wie gar nicht gehandelt werden. Die meisten Pflanzenarten aber stehen im Anhang II, der Handel mit ihnen ist durchaus erlaubt. Das soll einen Schutzanreiz darstellen: Nachhaltiger Handel stellt sicher, dass die Länder auch langfristigen ökonomischen Nutzen aus ihrer Biodiversität ziehen. Anders gesagt: Werden Arten ausgerottet, können Länder aus Handel mit ihnen auch keinen Nutzen mehr ziehen. Das will CITES verhindern.

***

Im Juni 2021 besuche ich den botanischen Garten in Leiden, einer kleinen südholländischen Stadt außerhalb von Den Haag. Das Städtchen gleicht einer kleinen Version Amsterdams – eine Beschreibung, die, zugegeben, auf die meisten niederländischen Städte zutrifft mit ihren Kanalstraßen, den bunten Reihenhäusern, die Mauer an Mauer die engen Gassen säumen, den Brücken, Booten und rasenden Fahrradfahrern. Der Leidener Hortus Botanicus wurde bereits 1590 gegründet und ist somit der älteste botanische Garten Westeuropas.

Botanische Gärten sind Ruheoasen in oft geschäftigen Städten. Zugleich haben sie auch einen Bildungsauftrag und betreiben Spitzenforschung auf dem Gebiet des Anbaus und der Vermehrung von Pflanzen. Die botanischen Gärten von heute sind aus den alten Arztgärten entstanden, deren Geschichte dreitausend Jahre zurückreicht. In ihnen wurden Heilkräuter und andere Pflanzen gezüchtet, von denen man glaubte, sie heilten allerlei Beschwerden. Am verbreitetsten waren solche Gärten vor allem im alten Ägypten, in Mesopotamien und im Römischen Reich, in Europa haben sie ebenfalls eine lange Tradition. Auch Aristoteles soll zu Unterrichtszwecken einen Garten in Athen gehabt haben.

Als die Beliebtheit exotischer Pflanzen stieg, entwickelten sich botanische Gärten immer mehr zu blühenden Museen. Heute sind sie mit der unverzichtbaren Aufgabe beschäftigt, Pflanzen in der freien Natur zu schützen und Arten vor dem Aussterben zu bewahren. Von den dreiunddreißigtausend Pflanzenarten, die weltweit als gefährdet gelistet sind, befinden sich zwölftausend in den Sammlungen botanischer Gärten.

Ich treffe mich mit dem Botaniker und Orchideenexperten Rogier van Vugt im Tropenhaus unter einem Bananenbaum. Er ist etwas spät dran, und während ich auf ihn warte, lese ich das Schild neben dem Baum. Bananenbäume, steht da, haben keinen hölzernen Stamm, sondern bestehen aus einer kompakten Ansammlung von überlappenden und spiralförmig angeordneten Blattscheiden. Aber selbst während ich den Baum verwundert anschaue und den Strukturen der Blätter, die sich um seinen Stamm wickeln, folge, fällt es mir schwer zu verstehen, wie dieser Baum gewachsen ist. Ich habe dieses Gefühl oft bei Pflanzen, dieser leichte Kopfschmerz wie bei einer optischen Täuschung. Ich verstehe, was ich sehe, aber ich verstehe es zur gleichen Zeit auch überhaupt nicht. Bevor ich mir den Kopf jedoch zu sehr über die Struktur von Pflanzen zerbrechen kann, betritt Rogier van Vugt den Raum. Er ist ein großer, etwas schlaksiger Mann in seinen Dreißigern, der sich dauernd leicht ducken muss, um nicht im Blätterdach hängen zu bleiben. Während er mich in ein anderes Gewächshaus führt, erzählt van Vugt begeistert von weiteren Eigenarten des Bananenbaums, die ich ähnlich schlecht verarbeite wie die weitaus einfachere Information über den Stamm.

In meiner Anfrage hatte ich van Vugt darum gebeten, mit mir vor allem über die koloniale Geschichte der Orchideen zu reden, über die Anfänge der Orchideensammlung in Leiden, vielleicht über die Schicksale der einzelnen Pflanzen. Das Gewächshaus, in dem wir schließlich stehen bleiben, wurde in den 1930er-Jahren gebaut. Damals gehörte Indonesien, wo viele Orchideen ursprünglich herkommen, noch zu den niederländischen Kolonien. Eine der Orchideen, erzählt mir van Vugt, die der letzte Gouverneur der Kolonie von Niederländisch-Neuguinea mit nach Holland gebracht hat, befindet sich noch immer in der Sammlung des Gartens. Das muss in den 1960er-Jahren gewesen sein. Diese Orchidee wäre demnach heute über fünfzig Jahre alt. Seither ist sie Jahr für Jahr verblüht und hat Jahr für Jahr wieder neue Blüten hervorgebracht. Sie ist alt und neu zugleich, und das nicht in einem philosophischen Sinn. Ich versuche gar nicht erst, mir einem Reim auf diese Vexierfrage zu machen.

Wir stehen zwischen zwei Tischen voller tropischer Orchideen, van Vugt hat die Arme in die Hüfte gestemmt. »Die Holländer waren sehr pragmatisch beim Sammeln von Pflanzen«, erklärt er. »Im Gegensatz zu den Engländern brachten sie kaum Zierpflanzen zurück, sondern vor allem Dinge, die sie nützlich fanden. Lebensmittel, Heilpflanzen. Dergleichen. Die meisten Orchideen, die wir hier haben, sind in den 1990er-Jahren hergebracht worden – mit den richtigen Begleitdokumenten natürlich!« Diese Dokumente sind die nötigen Formulare von CITES. »Ehrlich gesagt«, fügt van Vugt seufzend hinzu, »richtet CITES mehr Schaden an, als dass es Nutzen bringt.« Anstatt die Pflanzen zu schützen, würden sie durch die CITES-Verordnungen nur noch begehrter und verschwänden in dramatischem Ausmaß aus ihren natürlichen Lebensräumen. Er habe in einer Orchideengärtnerei gearbeitet, als die Gattung des Frauenschuhs (*Paphiopedilum*) auf die Liste der gefährdeten Arten gesetzt wurde. Bereits am nächsten Tag sei die Gärtnerei mit Bestellungen überschwemmt worden. Eine Pflanze, die bis dahin 10 Euro gekostet habe, sei plötzlich 100 Euro wert gewesen. »Bei CITES geht es um den Schutz des Gesetzes, des Geldes und der politischen Interessen«, beschwert sich van Vugt. »Sie schwenken die Fahne des Artenschutzes, aber es ist ein Schwindel.«

Die beste Art, den illegalen Handel mit gefährdeten Arten aufzuhalten, sieht er darin, die Märkte zu überschwemmen. Dafür müssen die Pflanzen aber beschrieben, gezüchtet und im großen Stil vermehrt werden können. Diesem Prozess steht CITES mit seiner langwierigen Bürokratie im Weg. »Wenn etwas nicht erhältlich ist, gehen die Leute ziemlich weit, um es zu bekommen«, sagt van Vugt. Viele botanische Gärten müssen ihre Orchideen hinter Gitter oder Glas vor Diebstahl schützen. Auch aus dem Hortus Botanicus, erzählt er, seien mehrere Töpfe mit Bienen-Ragwurz gestohlen worden. In jedem Topf waren etwa fünf Pflänzchen drin, und jede Pflanze hat einen Wert von ungefähr 20 Euro. Für den Dieb ein lukratives Geschäft, für den botanischen Garten bedeutet es ein Problem, wieder an Pflanzen zu kommen. Auch für Institutionen sind seltene Arten nicht leicht erhältlich.

»Das Problem ist«, erläutert van Vugt, »dass botanische Gärten und Naturschutzgebiete keine Händler sind, aber an die Regeln einer Handelskonvention gebunden sind.« Über ihre gemeinsame Abneigung CITES gegenüber hat sich Rogier van Vugt auch mit der Verhaltensforscherin Jane Goodall angefreundet. Sie erwähnt ihn und den Hortus Botanicus in Leiden ausdrücklich in ihrem 2013 erschienenen Buch *Seeds of Hope* (dt.: »Samen der Hoffnung«). Darin unterstützt Goodall seine Haltung mit einer Erzählung über den amerikanischen Orchideensammler Michael Kovach: Auf einer Perureise kaufte Kovach Orchideen von einem Händler am Straßenrand. Er hatte die Blumen noch nie davor gesehen und glaubte, dass es sich womöglich um eine neue Art handele. Um sie in Ruhe zu untersuchen und im besten Fall den Typusbeleg auszustellen, schmuggelte Kovach eine der Pflanzen zurück nach Florida. Benennen wollte er sie nach sich selbst. Kovach beantragte keine Formulare von CITES. Sie wären ihm erst ausgestellt worden, wenn die Pflanze einen Namen hatte. Aber um einen Namen zu bekommen, muss erst eine detaillierte wissenschaftliche Beschreibung der Pflanze veröffentlicht werden. Ein relativ langwieriger Prozess, der es erschwert, eine Pflanze zu wissenschaftlichen Zwecken aus ihrem Herkunftsland zu entfernen.

Interessant an dem Fall ist, dass gleichzeitig ein anderer Forscher an einer Beschreibung derselben Pflanze arbeitete. Er tat dies ebenfalls von Florida aus, hatte dafür aber keine echte Pflanze aus Peru zurückgebracht, sondern ließ sich von peruanischen Wissenschaftlern Bildmaterial schicken. Er wollte das Herkunftsland im Namen der Pflanze würdigen und sie *Phragmipedium peruvianum* nennen. Am Ende kam ihm aber Kovach zuvor, und die Pflanze heißt nun *Phragmipedium Kovachii*. Nur Tage nach der Veröffentlichung der Beschreibung und des Namens dieser neuen Art begann die Polizei zu ermitteln. Kovach, der botanische Garten in Florida und einige Mitglieder des Vorstands wurden für schuldig befunden, zu einer Geldstrafe verurteilt und auf Bewährung gesetzt. Im Laufe dieses Prozesses erreichten Angebote für die *Phragmipedium Kovachii* auf dem Schwarzmarkt eine Höhe von bis zu zehntausend US-Dollar.[2] Im Jahr 2003 war die Gegend, in der die Orchidee ursprünglich gefunden worden war, von Sammlern gerodet worden. Erst 2008 durfte die *Phragmipedium Kovachii* von drei peruanischen Gärtnereien endlich aus der Wildnis geholt und gezüchtet werden. Allerdings standen jeder Gärtnerei nur jeweils fünf Pflanzen zu, was eine schwache Maßnahme zum Schutz der Umwelt scheint, wenn man bedenkt, dass Tausende Pflanzen bis dahin gewildert worden waren.

Die Geschichte zeigt aber auch die Schwierigkeit im westlichen Umgang mit kulturellem Erbe auf. Es ist nicht untypisch für Sammler, eine Pflanze nach sich selbst zu benennen, wie es Kovach getan hat – ungeachtet ihrer Herkunft oder der Forschung, die vielleicht lokale Wissenschaftler bereits durchgeführt haben.

Im Hortus Botanicus in Leiden geht ein Steckling jeder neu beschriebenen Art zurück in einen botanischen Garten des Ursprungslands. »Das Herkunftsland hat ein Recht darauf, Eigentümer dieser Pflanze zu sein«, erklärt van Vugt. »Lange Zeit scherten sich die Sammler nicht darum, wer alles an der Entdeckung einer Pflanze beteiligt war. Ich versuche darum, mit den Menschen aus den Herkunftsländern zusammenzuarbeiten und die Pflanzen gemeinsam zu beschreiben.« Leider mache CITES dies gerne sehr schwierig und kostspielig, sodass es immer wieder zu Verzögerungen oder gar Ausfällen komme.

In der Benennung von Pflanzen steckt bis heute viel Kolonialpolitik. Um dem entgegenzuwirken, trat 2014 das Nagoya-Protokoll in Kraft. Sein vollständiger Titel lautet »Protokoll von Nagoya über den Zugang zu genetischen Ressourcen und die ausgewogene und gerechte Aufteilung der sich aus ihrer Nutzung ergebenden Vorteile zum Übereinkommen über die biologische Vielfalt«. Das Regelwerk verfolgt das Ziel, jedem Staat den Zugang zu seinen eigenen Ressourcen zu gewährleisten. Herkunftsländer haben außerdem das Recht, an den Vorteilen, die aus der Nutzung bestimmter Ressourcen geschöpft werden, beteiligt zu werden. Um Ressourcen außerhalb des Herkunftslands zu erforschen, zu kultivieren oder anderweitig zu nutzen, ist seine Genehmigung nötig. Das Deutsche Bundesamt für Umwelt betont in seiner Beschreibung des Protokolls, es gehe in der Zusammenarbeit zwischen Forschern und Herkunftsländern um mehr als nur Geld.

Der Ansatz des Nagoya-Protokolls, gibt Rogier van Vugt zu, sei gut. »Aber in der Umsetzung würde ich sagen, ist das Protokoll noch lächerlicher als CITES.« Gemeinsam behinderten CITES und das Nagoya-Protokoll jene Wissenschaft, die sie zu fördern behaupten. Botaniker können Pflanzen nur züchten und damit vor dem Aussterben retten, wenn sie wissen, wo und unter welchen Bedingungen sie wachsen, um welche Art es sich handelt und wie sie bestäubt werden. Es reicht für die Forschung nicht, nur die Orchidee zu besitzen. Ist ihr Bestäuber zum Beispiel ein bestimmter Falter, ist der auch für den Fortbestand der Pflanze nötig – und die Raupe, aus der er sich entwickelt. Das Ziel ist nicht nur, so viele Orchideen wie möglich *ex situ*, also fernab von ihrem natürlichen Lebensraum zu kultivieren, sondern sie vor allem *in situ*, eben in ihrem Lebensraum selbst, zu schützen. Und dazu müssen auch die Bedingungen stimmen. »Sagen wir, ich will eine DNA-Analyse einer Orchidee der Gattung *Bulbophyllum* machen«, erklärt der Botaniker. »Die *Bulbophyllum*-Gattungen kommen in Süd- und Mittelamerika vor, in den Tropen von Afrika und Asien, in Neuseeland und Australien. Das sind unheimlich viele Länder, und im Nagoya-Protokoll heißt es, dass man Forschungsarbeiten mit Pflanzen aus bestimmten Gegenden nicht ohne Genehmigung dieser Länder veröffentlichen darf. In manchen Ländern ist es einfach, eine solche Genehmigung zu bekommen. Andere Länder wollen Geld dafür, und wieder andere sagen einfach aus Prinzip Nein.« Wissenschaftler und Ex-situ-Naturschützer werden so kaltgestellt, weil sie nicht in der Lage sind, große Geldsummen zu zahlen oder Anwälte zu engagieren – ganz im Gegensatz zu großen Unternehmen, die Regenwälder hektarweise vernichten. Auf diese Weise wird die Natur zerstört, bevor sie verstanden wird.

Das Nagoya-Protokoll geht von einem Zustand aus, der in vielen Ländern noch nicht erreicht wurde. Im Idealfall würden Pflanzen nämlich vor Ort untersucht, gezüchtet und geschützt. Aber dafür fehlen in den betreffenden Regionen häufig die Infrastruktur und das nötige Know-how. In manchen Ländern gibt es außerdem wenig Gärtner und viele Sammler, die nur am Geschäft mit den Pflanzen, nicht aber an deren Erhaltung interessiert sind. »Arten sind nicht das Eigentum eines Landes«, beharrt Rogier van Vugt. »Sie sind das Eigentum unseres Planeten. Es ist ungerecht, dass manche Pflanzenarten in Ländern wachsen müssen, in denen sich die Regierungen keinen Deut um sie scheren, und sie darum aussterben müssen. Eine Pflanzenart mag Millionen von Jahren gebraucht haben, um sich zu entwickeln, aber ein Präsident kann einfach entscheiden: ›Mir egal, ich werde dort einen Zementsteinbruch errichten und alles zerstören!‹«

Van Vugts Worte hallen in meinem Kopf nach, als ich zwei Monate später auf den Mont Mormont, einen Hügel in der Nähe der westschweizerischen Stadt Lausanne, steige. Die kalkhaltige Erde des Hügels bietet vielen Pflanzen, darunter vor allem auch wilden Orchideenarten, den perfekten Lebensraum. Es ist ein empfindliches Ökosystem, das umso bedrohter ist, da sich seit 1953 eine Zementmine von Holcim großflächig in den Hügel frisst.

Holcim ist die Tochtergesellschaft von LafargeHolcim, dem Weltmarktführer im Zementsektor, und hat ihren Sitz in Eclépens, einer Ortschaft am Fuß des Hügels. Holcim produziert jedes Jahr rund 800.000 Tonnen Zement. Das Unternehmen ist dadurch für einen CO_2-Ausstoß von 400.000 Tonnen jährlich verantwortlich und gehört zu den zehn größten Treibhausgasproduzenten der Schweiz.[3]

Unter dem Slogan »On ne défend pas las nature, on est la nature qui se défend« gruppierten sich 2020 und 2021 Klimaschützer auf dem Mont Mormont: »Wir beschützen nicht die Natur, wir sind Natur, die sich selbst schützt.«[4] Sie errichteten ein Protestcamp, um gegen die Ausweitung der Mine zu demonstrieren. Weil durch den Abbau von Zement unter anderem ganze Orchideenpopulationen vernichtet werden, haben sich die Aktivistinnen den Namen Les Orchidées du Mormont gegeben. Sie erklärten den Hügel im Oktober 2020 zur ZAD, kurz für »Zone à défendre«, einer Verteidigungszone. ZAD, schrieben die Aktivisten auf ihrem Blog, stehe außerdem für »Zone à décrice«, eine zu beschreibende Zone: »Damit meinen wir einen lebendigen Ort, an dem neue Arten von Kampf und Widerstand erprobt und Solidarität und Gemeinsinn gelebt werden können.«[5]

Blumen waren schon immer auch Symbol des Widerstands. Die Legende der Heiligen Elisabeth von Thüringen etwa erzählt, wie die Königstochter verbotenerweise in der Stadt Brot an die Armen verteilt. Sie wird erwischt und gefragt, was sie in ihrem Korb trage. Elisabeth lügt und behauptet, es seien nur Rosen – und als sie das Tuch hebt, liegen da – oh Wunder! – tatsächlich Rosen drin! Überhaupt ist das berühmteste Beispiel der Geschichte wohl die Weiße Rose, eine studentische Gruppierung um die Geschwister Sophie und Hans Scholl. Sie druckten und verteilten Flugblätter, in denen sie sich gegen den Lügenapparat der Nationalsozialisten wehrten. Wegen ihres Widerstandes wurden die Kernmitglieder der Gruppe 1943 hingerichtet.

Es ist vielleicht kein Zufall, dass Blumen zu den ersten Formen gehören, die Kinder malen lernen. Blumen, Kopffüßer und Sonnen. Drei komplexe Objekte, die sich auf einen Kreis mit einigen Strichen drum herum reduzieren lassen. Strahlen, zwei Beine und zwei Arme, ein paar weitere Kreise. In der Mitte meistens ein Gesicht. Alle diese Dinge, die Menschen, die Sonne, die Pflanzenwelt, sind in der Natur wesentlich komplizierter, aber ich stelle mir gerne vor, dass in uns das Bewusstsein verankert ist, dass wir Teil eines Ganzen sind. Dass Menschen auch Natur sind, dass Pflanzen auch Leben sind und dass die Sonne dieses Leben möglich macht.

Les Orchidées du Mormont reichten 2020 gemeinsam mit dem Verein zur Erhaltung des Mormont (ASM) und verschiedenen Nichtregierungsorganisationen beim Bundesgericht Einspruch gegen die Pläne von Holcim ein, nachdem der Kanton Waadt den Ausbau der Mine bereits gutgeheißen hatte. Holcim wiederum klagte gegen die Besetzung des Hügels und der Zementmine. Die Berufung von Les Orchidées gegen die Beschwerde des Unternehmens wurde vom Bezirksgericht von La Côte zurückgewiesen. Am 30. März 2021 wurde das Camp schließlich von der Polizei geräumt. Die Entscheidung des Bundesgerichts steht jedoch noch aus.[6]

Während ich 2021 dieses Buch über Orchideen schreibe, gibt es viele Tage, an denen andere Themen unendlich viel relevanter scheinen. Hochwasser in ganz West- und Mitteleuropa fluten Städte. Hunderte Menschen werden allein in Deutschland in den Tod gerissen oder stehen plötzlich ohne

Zuhause da. In Deutschland! Es ist eine weitere Vexierfrage, die mich umtreibt. So lange waren es immer die anderen, die vom Klimawandel getroffen waren, aber es hätte fast genauso gut mich treffen können. Ich habe einfach Glück gehabt. Zum ersten Mal ahne ich etwas von der Angst, von der Greta Thunberg spricht, wenn sie sagt: »Ich will, dass ihr in Panik geratet.« Es ist keine Angst vor irgendetwas Konkretem, die Angst ist ganz einfach das Grundgefühl im Angesicht der Weltlage. Im August 2021 veröffentlicht der Weltklimarat seinen sechsten und bisher erschütterndsten Bericht. Unter anderem dokumentiert er, dass wir die Erderwärmung von 1,5 Grad voraussichtlich schon 2030, also etwa zehn Jahre früher als gedacht, erreichen werden und dass die Arktis bis 2050 vollkommen eisfrei sein wird. Die Welt befindet sich in einem unaufhaltbaren Wandel. Es ist kein Wunder, dass ich Angst habe. Es ist kein Wunder, dass Depressionen bei jungen Menschen zugenommen haben. Ich fühle mich machtlos, und auch das macht mir Angst. Die Welt geht zugrunde, und ich schreibe ein witziges Buch über Orchideen. *How dare I?*

Dann aber wiederum erinnere ich mich daran, dass auch die Orchideen Teil der Natur sind. Auch sie sind vor der Klimakrise nicht gefeit. Der Mensch, die Pflanzen und die Sonne haben einen unbestreitbaren Einfluss aufeinander. Auch wenn es im April 2021 mit andauerndem Schneewetter schwer zu glauben ist, werden die Frühlinge im Durchschnitt jedes Jahr wärmer. Welchen Einfluss das auf die Tier- und Pflanzenwelt hat, zeigte 2018 eine Studie der University of Sussex in Südengland:[7] Das Klima verändert sich inzwischen so rasch, dass die früh blühende Spinnenorchidee nicht wirksam darauf reagieren kann. Denn mit jedem Grad zusätzlicher Wärme fängt diese Orchidee ungefähr sechs Tage früher zu blühen an. Die Männchen der Sandbienen werden vom Duft der Spinnenorchidee zur Scheinpaarung verführt. Der gleicht nämlich den Pheromonen der Arbeiterinnen, der weiblichen Bienen, die sich zur Blütezeit der Spinnenorchidee noch im Winterschlaf befinden. Während mehrerer Wochen sind darum die Orchideen die einzige Option für die Liebesbemühungen der Drohnen und werden von ihnen bestäubt. Durch die wärmer werdenden Frühlinge erwachen zwar auch die Bienen früher, allerdings tun sie das nicht gleichzeitig mit den Orchideen. Mit jedem Grad Erwärmung fliegen die Drohnen nämlich ganze neun Tage früher los. Der eigentlich optimal geplante Zeitraum von aufblühender Knospe und dem Flug der Drohnen geht so zunehmend verloren. Das ganze System wird dadurch noch stärker erschüttert, dass die Arbeiterinnen mit jedem Grad Erwärmung fünfzehn Tage früher erwachen. Müssen die Drohnen zwischen Artgenossen und Blume wählen, werden sie sich mit anderen Bienen paaren und die Orchideen unbestäubt lassen.[8]

***

Es ist Abend geworden in Leiden. Rogier van Vugt und ich haben das Gewächshaus verlassen und stehen in seinem Büro. Er muss noch zwei Aronstabgewächse nach Schweden schicken. Er tauscht zwei Pflanzen, die jeweils einen Wert von 500 Euro haben, gegen eine, die 1.000 Euro wert ist. Innerhalb der EU ist das Verschicken und zum Teil auch privates Handeln mit Pflanzen erlaubt. Wie jede Konvention ist auch CITES von Unterklauseln und Kleingedrucktem geprägt. In Leiden gibt es inzwischen ein Bestäubungsprogramm für europäische Orchideen. Van Vugt hofft, dass die Pflanzen so verfügbarer und dadurch auch billiger werden. Dann gäbe es nämlich gar keinen Grund mehr, sie zu stehlen – sei es aus der Natur oder aus Gewächshäusern. Bis es allerdings so weit ist, versucht er eine andere Form des Preisdumpings: Er bietet Stecklinge von seiner privaten, CITES-geprüften *Monstera obliqua* auf Instagram zum Verkauf an. Sein Preis: ein Euro. Der erste Interessent, der sich meldet, bekommt die Pflanze. Rogier verhandelt nicht, und er verkauft auch nicht mehr als ein einziges Pflänzchen auf einmal, um zu verhindern, dass jemand anderes damit ein großes Geschäft macht. »Es macht die Leute wahnsinnig«, sagt er und grinst stolz. »In einem Internetforum habe ich gelesen, dass der gesamte Verkauf einer Orchideenart eingestellt wurde, weil der Preis zu schnell gesunken war. Händler verkauften sie für 1.000 Euro. Ich verkaufte sie für einen.«

Die Taktik des Botanikers ist clever, was sich allein schon daran ablesen lässt, dass er nicht der Erste ist, der darauf gekommen ist. Eine Geschichte, die meine Recherche von Anfang an begleitet, ist Susan Orleans Reportage »Orchid Fever«, die 1995 im *New Yorker* erschien. Aus dem Artikel entstand 1998 das Buch *The Orchid Thief*, das 2002 mit Meryl Streep und Nicholas Cage in den Hauptrollen unter dem Titel *Adaption – Der Orchideendieb* verfilmt wurde.[9] Orleans Artikel handelt von dem Orchideengärtner John Laroche, der wegen Widerns der begehrten Geisterorchidee angeklagt wurde. Die *Dendrophylax lindenii* wächst im Reservat der Seminolen, einem Indigenenstamm in Florida. Ein Schlupfloch im Gesetzestext gewährte ihnen Immunität vor dem US-Artenschutzgesetz. Gemeinsam mit den Seminolen wollte Laroche die Geisterorchidee züchten und klonen. Am

Ende hätte er Millionen von Pflanzen gehabt, die er ganz legal überall auf der Welt hätte verkaufen können, weil sie in einem Labor gezüchtet wurden und nicht mehr aus der Wildnis stammten. Sammler würden sie nicht länger Wilderern abkaufen müssen, und Laroche würde den Schwarzmarkthandel auf diese Art zurückdrängen. Gleichzeitig sollte das Projekt zu einer Senkung der Armutsrate unter den Seminolen führen.

Die Geisterorchidee ist tatsächlich außerordentlich hübsch. Ihre Blüte ist schneeweiß, und die beiden Seiten ihrer Lippe laufen jeweils in eine Art langen, spitzen Schwanz aus. Die Pflanze wächst auf Bäumen und scheint fast zu schweben, daher ihr Name. Sie ist nur schwer in der Natur zu finden und noch schwerer zu züchten. Orlean zitiert einen Ranger, der über die Blüte sagt: »Sollte man das Glück haben, eine Orchidee zu sehen, wird alles andere in den Schatten gestellt.«[10]

Laroche war überzeugt davon, mit seinem Klonprogramm der Umwelt zu helfen. So soll er zu Orlean gesagt haben: »Ich arbeite für die Seminolen, aber eigentlich bin ich auf der Seite der Pflanzen. Das Gesetz sollte nicht zulassen, dass jemand da rausgeht und die verdammten Pflanzen ausreißt. Ist das, was ich tat, ethisch vertretbar? Ich weiß es nicht. Ich bin ein gerissener Bastard.«[11]

Ein Ranger deckte die Geschäfte schließlich auf und verfasste eine Anklageschrift. Der Fall beschäftigte unter anderem auch die Amerikanische Orchideengesellschaft; ihre Mitglieder befürchteten, dass im Falle eines Freispruchs ein Ansturm auf wilde Orchideen ausgelöst würde. So wie das Gesetz zu jener Zeit formuliert war, genossen die Seminolen Immunität bezüglich Gesetzen zum Schutz gefährdeter Pflanzen. Aber die meisten Orchideen wuchsen auf Bäumen, zum Transport nahm Laroche deren Äste mit, um die Wurzeln der Blumen nicht zu beschädigen. Diese Bäume waren nicht bedroht, weshalb das gesetzliche Schlupfloch auf ihre Beschädigung nicht zutraf, Laroche machte sich also mitschuldig: Die Seminolen wurden nach dem Florida Administrative Code 16D-2.003 (6) der Beschädigung von Bäumen und der Entnahme von Pflanzen aus dem staatlichen Schutzgebiet angeklagt, aufgrund ihrer Immunität aber nicht wegen des Besitzes gefährdeter Pflanzenarten.

Im Prinzip war Laroches größter Fehler gewesen, dass er beim Sammeln der Orchideen zu sorgfältig vorgegangen war. Da er nicht zum Stamm der Seminolen gehörte, wurde die Immunität nicht auf ihn ausgeweitet. Er musste eine Geldstrafe und die Gerichtskosten bezahlen und wurde zu einer sechsmonatigen Bewährungsfrist verurteilt. »Er hatte gewonnen und verloren«, schreibt Orlean am Ende ihrer Reportage. »Er hatte das Schlupfloch im Gesetz gefunden, aber den Fall verloren; er hatte die Orchideen gefunden, aber das Recht verloren, sie zu behalten; und er war berühmt, aber ein wenig in Ungnade gefallen. Er sagte mir, dass er fand, er sei ans Kreuz geschlagen worden.«[12]

Fünfzehnte Station

LIPPSTADT

Das Haus, in dem mein Vater und seine Frau Elvira leben, gleicht einer kleinen Märchenwelt. Die beiden sammeln Figurinen von Jim Shore und bauen aufwendig Disney-Welten in ihrem Wohnzimmer auf, in denen die sieben Zwerge mit Rapunzel tanzen und Donald Duck mit Winnie Puuh im Schnee spielt. Jedes Mal, wenn ich zu Besuch bin, ist es ein Lieblingsspiel meiner Nichte (oder vielleicht eher von mir), durch das Wohnzimmer zu wandern und alle winzigen Einzelheiten der Dekoration zu entdecken und kleine Geschichten zu erfinden. Es muss in Elviras Wohnzimmer gewesen sein, dass ich die Orchideen zum ersten Mal bewusst wahrnahm. Dafür, dass sie so exotisch sind, verschmelzen sie dennoch fast perfekt mit ihrer Umgebung. Zwischen Feen und Prinzessinnen, Elfen und Einhörnern scheinen sie Teil einer magischen Welt zu sein. Ähnlich, stelle ich mir vor, muss es den aristokratischen Orchideensammlern im neunzehnten Jahrhundert gegangen sein. Orchideen als Produkt der Sehnsucht, der Fantasie, der Meditation. Nur hätte Elvira vor zweihundert Jahren nicht die Möglichkeit gehabt, an diese Pflanzen zu kommen. Sie wären zu teuer gewesen, und vermutlich wären sie in Kürze ohne das Know-how, das heute in der Packungsbeilage mitgeliefert wird, eingegangen.

Dass Orchideen inzwischen so kostengünstig in Supermärkten verkauft werden, ist ein zweischneidiges Schwert. Für kleine und mittelgroße Gärtnereien ist es ein Desaster, denn die Industrialisierung der Züchtung tropischer Orchideen drückt den Marktwert der Blumen und macht für Gärtnereien das Geschäft unrentabel. »Orchideen gehören nicht in den Supermarkt«, höre ich immer wieder von Gärtnern. Roland Amsler bereichert sich nicht an seinen Verkäufen, sondern kann damit gerade seinen Betrieb am Laufen halten. Natürlich ärgert er sich über die Verkaufspreise im Retailer. Zugleich sind aber auch viele der großen Zuchtbetriebe keine seelenlosen Massenproduktionsstätten, sondern entstanden auch aus dem Wunsch heraus, Orchideen allen Menschen zugänglich zu machen. Und sie sind für sich genommen ebenfalls kleine Wunderländer.

***

Die beliebteste und am meisten verkaufte Orchidee ist die *Phalaenopsis*. Wegen ihrer besonderen Form wird sie auch Schmetterlingsorchidee genannt. Ursprünglich kommt sie aus Südostasien, aber viele der Pflanzen, die wir heute in Supermärkten, Gartenzentren oder bei IKEA kaufen können, werden in Deutschland und den Niederlanden produziert. Sie gelangen über eine Kette aus Züchtern, Gärtnern, Jungpflanzenbetrieben und Laboren zu uns.

»Wir Züchter spielen Bienchen«, erzählt mir Jasmin Hassinger, als wir das erste Mal telefonieren. Sie leitet mit ihrer Schwester Iris »Hassinger Orchideen« in Nettetal und Wiesbaden. Der Zuchtbetrieb wurde in den 1980er-Jahren von ihrem Vater und Onkel gegründet und ist weltweit sehr gefragt. Hassinger spricht mit einem Lachen in der Stimme. Es ist eines meiner frühen Gespräche mit Orchideenspezialisten, und viele meiner Fragen gleichen denen, die ich später dann oft selbst zu hören bekomme. »Woher kommen die Orchideen eigentlich? Und gibt es noch mehr Arten als nur die Fensterbankorchidee?«

Wenn ich nun, anderthalb Jahre später, an das Gespräch zurückdenke, kann ich mir noch immer keine angenehmere Gesprächspartnerin vorstellen. Hassinger liebt die Orchideen, aber sie redet mit einer so fröhlichen Vernunft über die Blumen und den Betrieb, dass ich am Ende das Gefühl habe, verstanden zu haben, was die Orchideenwelt bewegt. »Wir stehen ganz am Anfang der Kette«, erklärt mir Hassinger. »Wir züchten und entwickeln neue Sorten.« Die Orchidee beginnt, wenn man das so nennen will, mit der Mutterpflanze. Diese Blumen werden von Hand bestäubt und zur Hybridenzucht gekreuzt. Gärtnereien suchen sich bei Hassinger Orchideen die Pflanzen für den Verkauf aus, danach werden deren Rispen zur Klonung ins Labor geschickt. Hinter jeder Züchtung steht eine Idee. Die schöne Blütenfarbe der einen Blume und die großen Blüten einer anderen zum Beispiel. Die Züchterin notiert bei der Kreuzung die Ziffern, mit der alle Pflanzen gekennzeichnet sind. Nach der Bestäubung beginnt die Blüte zu welken. Die Orchidee steckt ihr ganzes Wachstum nun in die Samenkapseln – immerhin produziert sie fast eine Million staubfeiner Samen. »Aus diesen Samenkapseln entstehen neue Pflanzen«, beschreibt Hassinger den Prozess. »Die haben die gleichen Eltern, sind in dem Sinn Geschwister – aber sie sehen alle etwas anders aus. Aus diesen Samengeschwistern suchen wir die raus, von denen wir glauben, dass sie sich in Zukunft gut verkaufen lassen.«

Eine verkaufsfähige Blume verfügt über drei wichtige Eigenschaften: eine trendige Blütenfarbe, eine gewünschte Höhe und eine robuste Gesundheit. Besonders die Größe hängt von den Bedürfnissen der Konsumenten ab. Ein Gastronomiebetrieb, der ein Orchideengedeck auf jeden Tisch stellen möchte, wird sich für eine kleinere Pflanze entscheiden als ein Bestattungsunternehmen, das die Orchideen für Trauerfeiern benötigt. Die Farben wiederum sind stark von aktuellen Trends abhängig. Und die sind schwer vorhersehbar, denn es vergehen anderthalb Jahre, bis eine *Phalaenopsis* das erste Mal blüht.

»Womit wir immer wieder experimentieren, sind die Farben Blau und Rot«, erklärt Hassinger. »Die gibt es so in der Natur bei der *Phalaenopsis* nämlich nicht.«

»Das ist möglich?«, frage ich erstaunt. »Sie können eine Farbe heranzüchten, die es gar nicht gibt?« Aber nein: »Wir können uns nur an die Farbe herantasten. Wenn wir Dunkellila mit Dunkellila kreuzen, dann entsteht ein noch dunkleres Lila, und wer weiß, vielleicht haben wir eines Tages eine *Phalaenopsis*, die fast blau ist.«

Insgesamt gibt es in Europa nur sechs große Zuchtbetriebe für Orchideen. Das liegt daran, dass diese Blumen nur sehr langsam wachsen und manchmal erst nach zwei Jahren blühen. Eine neue Sorte zu entwickeln, dauert noch länger, weil die Pflanze den Zyklus der Blüte mehrmals durchlaufen muss, bevor sie auf den Markt kommt. Der gesamte Züchtungsprozess von der Kreuzung bis zur Markteinführung dauert etwa zehn Jahre. Pflanzen, die sich durch Schönheit, Gesundheit und eine lange Blütezeit bewähren, werden weitervermehrt. Zu den Kunden der Hassingers gehören neben Großgärtnereien auch andere Zuchtbetriebe, die ein bestimmtes Erbgut brauchen. Sie können nicht immer dieselben beiden Blumen miteinander kreuzen, sondern sind auf frische Pflanzen angewiesen, um neue Farben und Formen kreieren zu können. Eine einzige Pflanze kann bis zu 10.000 Euro kosten. Auch Hassingers haben schon hohe Summen für bestimmte Orchideenarten bezahlt.

Die Rispen der Orchideen können nur während der Blütezeit geschnitten werden. Im Gegensatz zu anderen Blumen können sich ihre Knospen nach dem Schneiden nicht mehr öffnen und bestäubt werden. Sind die Züchterinnen mit einer Sorte so zufrieden, dass sie die Blume weiter züchten und auf den Markt bringen wollen, müssen die Rispen zur Vermehrung ins Labor geschickt werden. »Ich weiß, das klingt abgespacet«, sagt Hassinger lachend, »aber es passiert ganz natürlich!« Das größte Vermehrungslabor für Orchideen in Deutschland ist HARK Orchideen und befindet sich in Lippstadt, einer kleinen Stadt in Nordrhein-Westfalen. Lippstadt ist einer dieser Orte, wo man am Kiosk noch einzelne unverpackte Batterien kaufen kann, was ich tue, weil mein Mikrofon keinen Akku mehr hat. Hier liegt ein Reisebüro außerhalb des Stadtzentrums, dessen Schaufenster eine verstaubte Tutanchamun-Maske und eine aufblasbare Plastikpalme zieren. Das Versprechen großer Abenteuer aus einer Prä-Instagram-Ära.

Jörn Winkelmann ist in der Unternehmensführung von HARK Orchideen. Wir treffen uns in einem der Sitzungszimmer zum Gespräch, und er beginnt von der Geschichte der Firma zu erzählen. Wie ein Fritz Hark einst einen Gartenbetrieb gründete, in dem Gemüse für den lokalen Markt angebaut wurde. Er erzählt, wie Harks Sohn, der ebenfalls Fritz hieß, aus dem Krieg zurückkehrte und »der Liebe zur Orchidee verfiel«. Und er erzählt, wie jener zweite Fritz Hark erste Nährböden für seine Orchideenzucht in der heimischen Küche aufkochte. »Ich stelle mir manchmal vor«, Winkelmann ist belustigt, »wie Frau Hark vielleicht das Abendessen kochen wollte – aber alle Töpfe waren belegt!«

Die Vermehrung erfolgt unter sterilen In-vitro-Bedingungen. Unter den richtigen Voraussetzungen können Pflanzenzellen einen eigenständigen Organismus bilden. Dafür wird pflanzliches Gewebe der Mutterpflanze, sogenanntes Meristem, isoliert und zur Vermehrung angeregt. Meristeme befinden sich zum Beispiel im oberirdischen Teil der Pflanze am äußersten Ende der Sprossspitzen oder an den äußersten Spitzen der Wurzeln. Sie teilen sich immerfort weiter und sind undifferenziert. Das bedeutet, dass sich aus ihnen alle Organe einer Pflanze entwickeln können, Blätter, Blüten und Wurzeln. Eine Nährlösung aus Vitaminen, Zucker und Hormonen ersetzt den natürlichen Mykorrhizapilz und versorgt die Pflanze mit den nötigen Nährstoffen. Die Pflanze, die nun heranwächst, ist der Mutterpflanze absolut identisch.[1]

Der amerikanische Botaniker Lewis Knudson entdeckte 1899, dass die Orchideen nicht, wie bis dahin angenommen, unbedingt den Pilz zum Wachsen brauchen, sondern auf die von den Pilzen zugänglich gemachten Zuckermoleküle angewiesen sind. Und mit Zucker, stellte Knudson fest, konnte er sie selbst versorgen. Diese Entdeckung veränderte die Orchideenzucht grundlegend und ermöglichte erst ihre Vermehrung im großen Stil.

Die einst kleine Familiengärtnerei der Harks besteht heute aus mehreren Laborgebäuden, die Klimalager, Laborküchen und Verwaltungsbüros beherbergen. Ich folge Winkelmann durch die Flure, vorbei an Labors und Lagerhallen, aus denen weißes Licht dringt. Vor einem Gestell, das aussieht wie eine Kiste voll Leergut, bleiben wir stehen. Aber anstatt Flaschen stehen dreißig Erlenmeyerkolben in Schüttlern. Die Kolben werden in regelmäßigen Kreisen bewegt. Darin befindet sich Zellmaterial von Orchideen in einem flüssigen Nährmedium.

»Wir schütteln sie, damit die Pflanzen nicht mehr wissen, wo oben oder unten ist«, erklärt Winkelmann. Er führt aus: »Nur so bilden sie keine Sprossen oder Wurzeln. Stattdessen haben wir hier ein Zellwachstum.« Diese Zellen werden wieder geteilt und auf ein neues Nährmedium überführt. Meristeme sind so lange undifferenziert, bis sie sich an der Erde und der Sonne orientieren. Sobald sie Schwerkraft und Wärme wahrnehmen, fangen die Zellen an, sich zu Wurzeln, Blättern und Stängeln zu entwickeln. Wenn die Kolben mit den Zellen aber geschüttelt und gedreht werden, teilen sich die Zellen zwar weiter, bleiben aber undifferenziert und entwickeln sich nicht zu Pflanzen. Haben sich die Zellen erst in Tausende von Basiszellen geteilt, teilt man sie in kleinere Zellklumpen und pikiert sie in eine unbewegliche Kulturschale auf ein Nährmedium. Phytohormone im Nährmedium tragen dazu bei, dass die Pflanzen anfangen, Seitensprossen zu bilden. Im nächsten Schritt werden diese Sprossen mit einem Skalpell getrennt und in einen weiteren Becher pikiert. Diese Methode wird auch *shot by shot* genannt, »Sprosse für Sprosse.« Sind die Pflanzen groß und kräftig, werden sie in frische Becher mit einem speziellen Bewurzelungsnährmedium umgelegt. Sobald sie kräftige Wurzeln und Laub entwickelt haben, sind die Pflanzen bereit für den Verkauf.[2]

Die Laborräume haben alle Fenster zum Flur, und wir bleiben kurz stehen, um den Frauen an den Arbeitsbänken, sogenannten *clean benches*, zuzuschauen. Mein Blick fällt auf eine junge Frau, die ihre dunklen Haare unter dem Haarnetz zu einem Knoten zusammengebunden hat. Sie hebt ein winziges grünes Pflänzchen von einem dunklen Nährboden in einer Petrischale und setzt es auf eine gleich aussehende Substanz in einen größeren Behälter. Sie arbeitet mit flinken Fingern, versetzt vorsichtig Pflänzchen für Pflänzchen. Die Pflanzen sind sehr anfällig für Infektionen. Das Pikieren auf den Nährboden passiert darum unter streng pathogenfreien Bedingungen. Zwei Frauen in grünen Hauben gehen die Länge des Raums auf und ab und beaufsichtigen die Arbeit ihrer Kolleginnen. »Teamleiterinnen«, raunt mir Winkelmann zu. »Sie unterstützen die Arbeiterinnen und passen auf, dass sie unseren Qualitätsstandard beibehalten.«

Neben der dunkelhaarigen Frau stapeln sich auf einem Wagen Becher mit den winzigen Pflanzen. Jeder dieser Becher fasst ungefähr dreißig Setzlinge. Sie werden in temperierten Räumen aufbewahrt, bis sie so groß sind, dass sie in den nächstgrößeren Behälter versetzt werden müssen. Nach dem ersten Jahr sind die Orchideen auf eine Größe von etwa sechs Millimetern angewachsen. So wandern die Orchideen von Raum zu Raum den Korridor hoch. Auf ihrem Weg kommen sie immer wieder in die Klimalager. Die Temperatur in diesen Räumen ist den Bedürfnissen der verschiedenen Orchideenarten angepasst. Es sind Millionen von Pflanzen, die in diesen Räumen anfangen sich auszudifferenzieren und Wurzeln zu bilden. Blumen wie die *Phalaenopsis* gedeihen unter speziellen Temperaturbedingungen besser, so können Gärtnereien sie zu jeder Jahreszeit schön blühend verkaufen.

Orchideen waren die erste Zierpflanze, die in großem Maßstab geklont wurde. Vor dem Klonen erforderte die Vermehrung von Orchideen viel Geduld. Orchideen, die aus Samen gezogen wurden, brauchten ewig, weil die Pflanzen so selten Keimlinge bilden. Die Wissenschaft des Klonens hat die Art des Orchideensammelns neu definiert. Es war auf einmal möglich, die meisten Arten schnell, in großen Mengen und mit perfekter genetischer Einheitlichkeit zu vermehren. Das wiederum ermöglichte den Verkauf der Pflanzen zu einem günstigen Preis.[3]

Es dauert etwa anderthalb Jahre, bis die *Phalaenopsis* groß genug ist, um an die Jungpflanzenbetriebe verkauft zu werden. Bis dahin kann viel passieren. In der Frühphase sehen sich die Klone so ähnlich, dass sie leicht verwechselt werden können. Jeder Becher ist darum mit einem Barcode versehen, der die Blume bis zur Endablieferung an die Gärtnerei begleitet. Scanner in den Laboren und Klimazellen erfassen die Daten, um die Produktionsvorgänge nachzuvollziehen. HARK ist eines der ersten In-vitro-Labore der Welt mit einem solchen System. Programmierer der hauseigenen EDV-Abteilung haben die Software über achtzehn Jahre entwickelt und optimiert.[4] »Früher war das einfacher«, erläutert Winkelmann, »da wollten die Gärtner einfach nur Orchideen haben und nahmen, was gerade im Angebot war. Heute ist die Nachfrage sehr spezifisch geworden: Farbe, Rispen, Größe, die Stückzahl – alles ist heute sehr genau vorbestimmt.«

Sind die jungen Pflanzen groß genug für die Kunden, werden sie in klimatisierten Lastwagen zu den Produzenten gebracht. Der Transport von Orchideen ist heute genauso prekär wie vor zweihundert Jahren. Die Pflanzen werden darum in speziell entwickelten Bechern verpackt. Der Deckel wird infektionssicher mit dem Unterteil verschweißt. So dringen weder Viren noch Bakterien zu der Pflanze durch. Eine Membran im Deckel erlaubt indes den Gasaustausch, der das gleichmäßige Wachsen der Pflanze sichert. Der Hark Safety Cup sieht auf den ersten Blick ein bisschen aus wie eine Tupperdose. Die Becher sind patentiert und werden mit einer Spritzgussmaschine vor Ort produziert.

Als wir am Ende unseres Rundgangs wieder in dem Sitzungszimmer ankommen, schwirrt mir der Kopf. Von draußen scheint die Junisonne durch die Fenster. Während ich mein Mikrofon einpacke und den Pullover um meine Hüfte binde, fragt Winkelmann, ob ich noch Fragen hätte. Nur die eine: »Was gefällt Ihnen an der Arbeit mit den Orchideen so?«

»Nun«, sagt er mit einem leisen Lächeln, ohne lang zu überlegen, »ich glaube, wir tun vielen Menschen etwas Gutes, indem wir für sie Blumen züchten, an denen sie sich erfreuen können.«

Draußen schlägt mir sommerliche Hitze entgegen. Es ist einer der ersten richtig warmen Tage in diesem Jahr, und vor einer der Gebäudemauern sitzt eine kleine Gruppe Frauen beim Mittagessen. Die Laborarbeiten verrichten ausschließlich Frauen, weil sie angeblich die zarteren Hände haben. Ich nähere mich ihnen und frage sie, ob ihnen die Arbeit mit den Orchideen gefalle. Sie alle lachen, halb verlegen, halb belustigt über meine naive Frage. »Soso«, erwidert eine von ihnen schließlich. »Arbeit eben.« Acht Stunden im Licht der Neonröhren über sterile Arbeitsflächen gebeugt, die immer gleichen Bewegungen. Die Frau drückt ihre Zigarette mit ihrem Schuh aus und entschuldigt sich. Ihre Pause ist vorbei.

***

Die Niederlande sind Europas größter Orchideenproduzent. Abseits des südholländischen Dorfs De Lier befindet sich Sion Orchids: Gärtnerei, Zuchtbetrieb, Produzent und Verkäufer von Orchideen in einem. Hier werden Orchideensetzlinge aus aller Welt aufgezogen und zur Blüte gebracht, Mutterpflanzen für die Hybridenzucht gekreuzt und Testphasen durchlaufen. Selbst ich, die Orchideenzynikerin, komme nicht umhin zu staunen, als ich an einem frühen Morgen in De Lier aus dem Bus steige. Die riesigen Fassaden des Betriebs sind mit Orchideenbannern behängt. Das Ganze wirkt auf mich wie das Tor zu einem Disneyland für Orchideenfans, und für einen kurzen Moment denke ich an Elviras Elfenfigurinen, die hier gar nicht so fehl am Platz wären. Ich treffe mich mit Maarten Huisman, dem PR-Beauftragten von Sion Orchids. Er ist ein großer Mann mit hellen Augenbrauen und hellen Haaren, die er sorgfältig zu einer Tolle gekämmt hat. Als Erstes führt er mich in die »Schatzkammer«, wie er sie nennt: das Gewächshaus mit den Mutterpflanzen. Hier wächst der gesamte Eigenbestand von Sion Orchids, das wertvollste Gut der Firma. Es ist ein nach Farben sortiertes Meer aus Rosa, Weiß, Lila und Gelb.

Besonders stolz ist Huisman auf die Reihe der duftenden Sorten, die hier gezüchtet werden. Orchideen sind bekannt für ihre besondere Vielfalt an Düften, die aber gehen bei den Hybriden meistens verloren. Ich schnuppere mich durch die Auswahl von Sions duftender Orchideenpalette. »Könnte ich theoretisch eine Bountyorchidee züchten?«, frage ich. Immerhin gibt es Orchideen, die nach Schokolade, und andere, die nach Kokosnuss riechen.

»Dass eine Orchidee ihren Duft bei der Kreuzung weitergibt, ist keine Garantie«, antwortet Huisman vorsichtig.

»Man kann es natürlich probieren und dann abwarten, wie die Geschwister am Ende aussehen und wie sie duften. Es könnte auch sein, dass ganz neue Düfte zum Vorschein kommen. Aber letztlich müssen wir mit dem arbeiten, was die Natur uns gibt.«

Wir schlendern die langen Tischreihen entlang. Tausend Versionen von *Phalaenopsis* stehen dort Spalier, und vielleicht zum ersten Mal seit dem Beginn meiner Recherche vor über einem Jahr begreife ich, dass ich der *Phalaenopsis* Unrecht getan habe. Es gibt sie nicht in der einen immer gleichen Form und Farbe. Manche Blüten sehen aus wie Sterne, manche haben Lippen, die breiter sind als der Rest der Blütenblätter. Die auf den ersten Blick langweiligen weißen Blüten haben bei genauem Hinsehen einen Gelb-Lila-Farbverlauf in der Mitte. Andere haben feine rosafarbene Adern, die sich über die Blütenblätter ziehen. Manche sehen von Weitem aus, als wären sie grün – eine Farbe, die es in der Natur nicht gibt; erst wenn man nahe an sie herantritt, erkennt man, dass sie in Wirklichkeit gelb sind. Ich fühle mich wie auf Erkundungstour, voller Neugier auf verborgene Besonderheiten.

»Für mich ist die *Phalaenopsis* die Madonna der Blütenpflanzen«, unterbricht Huisman meine Gedanken. »Madonna, die Sängerin, erfindet sich immer wieder neu. Und egal welcher Trend gerade stattfindet, irgendwie passt Madonna immer rein. Und so ist es auch mit der *Phalaenopsis*. Egal was um sie her passiert: Sie ist so glamourös, dass sie nie aus der Mode kommen wird.«

Wir verlassen das Gewächshaus und überqueren den Parkplatz zur Produktionshalle. Ein Mitarbeiter kommt uns auf einem Fahrrad entgegen. Huisman lacht und ruft ihm etwas auf Niederländisch hinterher. Ich verstehe das Wort »Appeltaart!«, und auf meinen fragenden Blick erwidert er, es sei Brauch, eine Person, deren Weg man dreimal in Folge zufällig gekreuzt hat, zu Kaffee und Kuchen einzuladen.

Dachte ich zunächst, das Innere von Sion Orchids würde einem Disneyland gleichen, dann höchstens einem, das eine scharfe Stilwendung hin zum Steampunk gemacht hat. In der Produktionshalle dröhnt das Rauschen der Maschinen, der Roboterarme und der Fließbänder – eine Mischung aus altertümlicher Dampfmaschine und NASA-Sonde. Wenn die Orchideen aus dem Labor in Lippstadt sicher nach De Lier gelangt sind, kommen die Jungpflanzen in sogenannte Erdplugs, eine Art Stöpsel aus Erde und Torf, der ihre wachsenden Luftwurzeln stützt. Sechs Monate werden sie bei 28 Grad Celsius gehalten, bis sie nach und nach Zweige und Blüten entwickeln. Huisman führt mich zu einem Regal, in dem kleine Pflanzen dicht an dicht stehen. Rund dreißig Millionen Jungpflanzen verkauft Sion jedes Jahr an Gartenbaubetriebe, die sie zur Blüte bringen werden. Daneben ein weiteres Regal, dieses mit blühenden Blumen. Auch sie warten auf den Transport zu Züchtern. Sion betreibt auch eine Jungpflanzenaufzucht unter dem Namen Sion Young Plants. Darunter sind neue Sorten, die erst eine Testphase durchlaufen müssen, bevor Züchter und Gärtner sie für ihr Sortiment überhaupt in Betracht ziehen. Eine *Phalaenopsis* kommt zum Beispiel erst auf den Markt, wenn sie in der Testphase mindestens siebzig Tage ununterbrochen geblüht hat.

Im Kreis um eine Maschine stehen vier Mitarbeiterinnen. Vor ihnen bewegt sich eine Drehscheibe mit Orchideensubstrat. Direkt an der Scheibe befestigt und mit ihrer Öffnung auf Kantenhöhe hängen die durchsichtigen Plastiktöpfe. In jeden Topf, der an ihnen vorbeizieht, setzen die Frauen eine der grünen Jungpflanzen und schaufeln mit flinken Händen Substrat in den Behälter. Die gefüllten Behälter gelangen auf ein Fließband, das sie in eines der bei 19 Grad temperierten Gewächshäuser befördert. Wir nähern uns den Fließbändern. Eine blühende *Phalaenopsis* nach der anderen rollt über eine komplexe Fließbandbahn. Hoch und runter und hier um eine Kurve. Sie sind fertig produziert, und auch sie werden zum Lagern in ein temperiertes Gewächshaus gebracht. Zwischen den Fließbändern sitzen Arbeiter, die Stöcke in das Substrat stecken und die Orchideen daran befestigen. Weil Orchideen normalerweise auf Bäumen wachsen, können sie sich nicht von allein aufrecht halten. Das Orchideenlager besteht aus zwei Ebenen. Das obere Gewächshaus verfügt über 6.000 Quadratmeter Fläche. Automatisierte Hebel heben, senken und verschieben die Tische, auf denen die Orchideen stehen. Je nach Produktionsstadium benötigen sie eine andere Temperatur oder müssen für Lieferungen vorbereitet werden. Ein Mitarbeiter kontrolliert über einen Bildschirm jede der Bewegungen der Tische und der Fließbänder. Er erklärt mir den Bauplan, die grünen und blauen Felder und Zahlen. »Oben ist unten, richtig?«, fragt Huisman. Ich muss lachen. Etwas abseits von dem ganzen Geschehen steht eine junge Frau, die aufmerksam in den Blättern einer Orchidee wühlt, sie dann in eine Kiste zu ihrer Linken stellt und aus dem Regal zu ihrer Rechten eine neue Pflanze nimmt. Vor ihr auf dem Tisch liegt ein kleiner Haufen gelber und brauner Blätter. Ihre Aufgabe ist es, die welken Blätter auszusortieren. »Sweet Caroline«, stellt Huisman sie fröhlich vor. Die Frau, Caroline, blickt kurz von ihrer Arbeit auf, lacht und lässt sich auf einen kurzen Schlagabtausch auf Niederländisch ein.

»Haben Sie eine Lieblingsorchidee?«, frage ich, als wir weitergehen.

»Ich habe eine, die ich sogar selbst benennen durfte.« Maarten Huisman strahlt. Zu seinem vierzigsten Geburtstag schenkte ihm die Geschäftsleitung eine Orchidee, der er einen Namen geben durfte. »Alle Orchideen, die aus der Zucht von Sion stammen, enden auf –ion«, erzählt er. »Sie *Maartion* zu nennen, hätte seltsam geklungen. Deshalb benannte ich sie nach meinem Geburtsmonat: *Aprillion*.« Wir sind beim sogenannten Trend Lab beim Eingang der Produktionshalle angelangt. Es handelt sich dabei um eine kleine, hell ausgeleuchtete Nische mit ausgestellten Orchideen. Hier sollen Kunden einen Eindruck gewinnen, wie sie die Orchideen am besten präsentieren können: auf dem Tisch oder im Regal, vor weißem oder türkisfarbenem Hintergrund, mit normalem oder goldenem Substrat – Sion hat alles.

Huisman führt mich zu einem beleuchteten Regal. Und da steht sie, die *Big Lip Aprillion*. Den ersten Teil ihres Namens verdankt sie dem ausgeprägten Labellum. Sie ist schneeweiß, nur die Lippe hat einen zarten Rosaton. »Normalerweise mag ich weiße Blumen nicht«, sagt Huisman »Aber ich habe ein rosa Herz – genau wie diese Orchidee!«

***

Ein gutes Jahr nachdem ich zum ersten Mal mit Jasmin Hassinger telefoniert habe, treffe ich mich in der Jungpflanzenzucht in Wiesbaden mit ihrer Schwester Iris. Auf einem Bild auf der Website sieht man die beiden Frauen in einem

Ausstellungsraum voller lila Orchideen stehen. Beide strahlen in die Kamera. Sie sind eine gute Generation jünger als fast alle Leute, die mir im Orchideengeschäft begegnen. Hassinger Orchideen ist einer von nur etwa vier deutschen großen Zuchtbetrieben, die sich gegen die starke Konkurrenz aus den Niederlanden durchzusetzen versuchen. Wer sich keine Automatisierung leisten kann oder will, geht unter. »Und wenn man mal schaut«, sagt Iris Hassinger, »dass Orchideen für fünf Euro im Supermarkt verkauft werden – für den Preis können viele einfach nicht produzieren.«

Inzwischen, fährt sie fort, würden auch viele Gärtnereibetriebe außerhalb von Europa gebaut. In Taiwan zum Beispiel, wo die *Phalaenopsis* ihren Ursprung hat. Zwischen den Produktionen liegen Welten. »In Taiwan gelten wieder ganz andere Bedingungen. Eine andere Luftfeuchtigkeit, eine andere Lichtintensität. Die Pflanzen wachsen komplett anders als hier.«

Anderthalb Jahre nachdem sie ihre Pflanzentriebe an die Firma HARK nach Lippstadt geschickt haben, kommen die winzigen Jungpflanzen nach Wiesbaden und werden da zur Blüte gebracht. Das Gewächshaus, das sie mir zeigt, gleicht denn auch eher einer bunten Blumenwiese als dem lila Meer, das ich aus De Lier kenne.Viele der Blumen tragen noch keine Blüten, und ihre dicken grünen Blätter erstrecken sich über die ganze Fläche des Gewächshauses. Es riecht unsagbar grün.

»Wird der Orchideentrend irgendwann vorbeigehen?«, frage ich.

»Orchideen sind seit gut zwanzig Jahren führend im blühenden Zimmerpflanzensegment«, entgegnet Iris Hassinger. »Es gibt bis dato kein Produkt, das so einfach in der Pflege und so langlebig ist.«

Es ist nicht mein letzter Termin in der Orchideenwelt, aber als ich mich am Mittag verabschiede, denke ich, dass ich vielleicht die Antwort auf meine Frage, was Orchideen so besonders macht, schon seit dem Anfang mit mir herumtrage.

»Orchideen sind sehr widerspenstige Pflanzen«, erklärte Jasmin Hassinger bei unserem allerersten Gespräch. »Sie sind wirklich zäh. Der Knackpunkt ist aber ihre Vielfalt. Es gibt Orchideen, die duften so stark nach Kokos, da fällt einem nichts mehr ein! Man betritt den Raum und riecht einfach nur Kokosnuss! Oder Schokolade! Oder Zitrone!« Und dann lachte sie über ihre eigene Begeisterung.

Sechzehnte Station

UNTER DER DUSCHE

Während ich an meinem Schreibtisch sitze und mir meine müden Augen reibe, erreicht mich eine WhatsApp-Nachricht von Tashina. Sie schickt mir das Bild einer Haarspülung, die der Verpackung zufolge nach »weißer Orchidee« riecht und »strahlende Blondreflexe« verspricht.

»Ich denke übrigens immer an dich unter der Dusche«, schreibt sie mit einem Zwinker-Smiley dazu. Da ist sie anscheinend nicht die Einzige: Auch eine andere Freundin schickt mir ein Bild ihres Duschgels, das nach »Magical Beauty with Black Orchids« riechen soll. Eine schwarze Orchidee ist mir auf allen meinen Terminen nicht ein einziges Mal begegnet. Sehr wohl aber in einem Comic von Neil Gaiman und in einer Folge der Science-Fiction-Serie *Doctor Who*. Eine schwarze Orchidee klingt nicht nur verführerisch reizend, sondern auch gefährlich. Entsprechend muss ihr Duft wie ein teures Parfüm die Trägerin unwiderstehlich, aber auch ebenso mysteriös machen. In der Geschichte »Die seltsame Orchidee« von Wells nimmt der Protagonist Wedderburn den »köstlichen, durchdringend süßen Duft«[1] einer Orchidee wahr, noch bevor er die Blüte sieht. Wie eine Frau, die ihr Parfüm dafür einsetzt, um den Mann zu verführen, lockt die Orchidee Wedderburn beinahe in sein Verderben.

Dabei ist Duft viel komplexer, als dass er auf diese vor allem männlich geprägten Vorurteile reduziert werden könnte. Geruchsforscher haben festgestellt, dass rund 90 Prozent dessen, was wir »Geschmack« nennen, eigentlich »Geruch« ist.[2] Wenn wir nicht riechen können, was in unseren Mund kommt, können wir nicht herausfinden, wie es schmeckt.

Die wichtigste Duftnote des Parfüms ist jene, die man beim Öffnen der Parfümflasche wahrnimmt, die Signatur des Geruchs, die den ersten Eindruck hinterlässt. Diese Kopfnote ist das flüchtigste Element des Duftes, das oft schon nach kurzer Zeit verloren geht. Danach kommt die Herz- oder Mittelnote, vor allem wenn das Parfüm auf die Haut aufgetragen wird, wo es erwärmt und absorbiert wird. Später, vielleicht am Abend, nimmt die Nase die Basisnoten des Duftes auf, die weniger flüchtigen, aber sinnlicheren Teile des Aromas. Hier kann zum Beispiel Vanille als wichtigstes Element eines Parfüms eingesetzt werden. Die Kunst des Parfümeurs besteht darin, die flüchtigen und die schweren Noten so zu kombinieren, dass ein sogenanntes Verdunstungsprofil entsteht. Die weniger flüchtigen Noten sind diejenigen, die dem Duft eine hohe Sinnlichkeit verleihen, die Vanille-, Amber- oder die Moschuselemente in der Mischung. Und genau wie in der Lebensmittelindustrie kommen einige der teuersten Zutaten aus der Natur.

Wie häufig in der Literatur geschildert, hat der Geruch bei Pflanzen tatsächlich mit sexueller Anziehung zu tun. Duft zu verströmen, kostet die Pflanzen Energie und hat den Zweck, Bestäuber anzulocken. Darum duften viele Orchideen nicht Tag und Nacht, sondern nur zu bestimmten Zeiten. Tagsüber sind vor allem Bienen, Wespen und Schmetterlinge unterwegs. Sie werden von Gerüchen wie Rosen, Honig und Flieder angezogen. Nachts wiederum fliegen Falter von Blüte zu Blüte, und die duften dann eher nach Jasmin, Geißblatt oder Lilien. Unter den Orchideen gibt es besonders viele Arten mit einer »ausgesprochenen Zeitabhängigkeit in der Duftentfaltung«. Die *Epidendrum ciliare* zum Beispiel erreicht den Höhepunkt ihrer Duftproduktion zwischen 22 und 24 Uhr. Die *Gymnadenia conopea* dagegen duftet vor allem zwischen 9 und 12 Uhr.[3] Bei rund 30 Prozent aller höheren Pflanzenarten kommen leichtflüchtige Substanzen vor, die in großer Menge für die Pflanze toxisch sein können. Sie werden darum nur in bestimmten Zellen an den äußeren Rändern von Blüten, Blättern oder Wurzeln als ätherische Öle abgelagert. Diese bestehen aus bis zu dreihundert Einzelkomponenten, und weil sie flüchtig sind, können Menschen und Tiere sie als Duft wahrnehmen.[4]

Dass für eine Haarspülung, selbst jene mit der weniger fiktiven (aber auch genauso unpräzisen) »weißen Orchidee« für blondes Haar, echter Orchideenduft verwendet wurde, halte ich für unwahrscheinlich. Nicht nur weil es mehr als nur den einen Orchideenduft gibt (es gibt im Übrigen auch mehr als nur den einen Rosenduft, aber das ist der Stoff für ein anderes Buch), sondern weil das Extrahieren von Pflanzendüften aus der Natur ein langwieriger Prozess ist. Zunächst wird dafür eine Glasglocke über die Blüte gestülpt, deren Duft gewonnen werden soll. Die duftende Luft, die die Blüte umgibt, heißt Headspace. Sie wird nun mit einer kleinen Pumpe durch ein Adsorptionsröhrchen am Glasgefäß gesogen. In dem Röhrchen sind ein paar Milligramm hochreine Aktivkohle enthalten, ein Mikrofilter, der den Duft von Luft und Feuchtigkeit absondert. Je nach Intensität der Duftabgabe können sich in wenigen Stunden bis zu 300 Millionstel

Gramm Duft sammeln.[5] Im Labor wird die Duftprobe mit einem Lösemittel aus dem Adsorptionsröhrchen gespült. Die daraus entstandene Lösung hat so die richtige Konzentration, um mithilfe chemischer Verfahren wie der Gaschromatografie und der Massenspektrometrie auf ihre qualitative und quantitative Zusammensetzung untersucht zu werden.

Es sind die qualitativen Aspekte, die beim Duft eine Rolle spielen, und nicht die quantitativen. Manche Pflanzen besitzen nur fünf Duftstoffe, andere besitzen zweihundert. Manche Düfte wiederum werden von einem einzigen Stoff dominiert, der es fast unmöglich macht, die restliche Zusammensetzung zu erahnen. Eine Duftforscherin aus Rosenheim, mit der ich telefoniere, erklärt mir, jeder Duft habe einen Erkennungsschwellenwert. Von einem schwachen Duft braucht es geschätzt ein Mikrogramm pro Kilo Luft, um ihn wahrnehmen zu können. Das ist viel, vergleicht man es mit einem potenten Duftstoff wie Geosmin. Das ist der erdige Geruch, den wir vom Asphalt kennen, wenn es geregnet hat – davon braucht es im Vergleich nur ein Piktogramm, also tausendmal weniger, pro Kilo Luft.

Einen großen Teil der Arbeit im Labor können inzwischen Maschinen erledigen. Aber die menschliche Nase ist noch immer rund hundertmal sensibler als die Sensoren von Geräten. Die Duftforscherin im Labor muss nun so viele Dufteindrücke wie möglich herausfiltern. Ein »Abriechröhrchen« hilft dabei. Gut riechen zu können, liegt vor allem auch an einem guten Erinnerungsvermögen. Es ist ein bisschen wie Vokabeln lernen: Je mehr Düfte man lernt, desto eloquenter wird man auch darin, sie zu beschreiben. Ein Mensch kann im Durchschnitt zwischen vierhundert verschiedenen Duftstoffen unterscheiden. Bei langjährigen Duftforschern können es durchaus bis zu fünfzehnhundert sein. Ist die Zusammensetzung eines Dufts ergründet, kann die Duftforscherin damit beginnen, die Duftnote nachzubilden. Dazu mischt sie die rund fünfzig wichtigsten Duftmoleküle und variiert die Mengen so lange, bis der neue Stoff dem Geruch aus der Flasche täuschend ähnlich ist. Durch das Synthetisieren von Düften können auch die Gerüche stark gefährdeter Pflanzen bewahrt werden. Wenn eine Pflanze ausstirbt, geht mit ihr auch der Duft verloren – und unter Umständen ihr Bestäuber.

***

»Wie oft, frage ich mich, habe ich in einem botanischen Garten ein paar Stunden der Ruhe gefunden?«,[6] schreibt Jane Goodall in ihrem Buch *Seeds of Hope*.

Die Orchideenrecherche dient mir als Ausrede, in allen möglichen Städten botanische Gärten zu besuchen. Es sind immer kleine Expeditionen durch Gerüche und Fauna, eine Auszeit von der Geschäftigkeit der Welt. Ich könnte die einzelnen Gärten nicht bewerten, selbst wenn ich es wollte. Am botanischen Garten in Bern plätschert die Aare vorbei, und es ist auch an Sonntagnachmittagen ruhig genug, um ein Buch zu lesen. Die Herrenhäuser Gärten in Hannover werden für mich immer mit dem Herbst verbunden sein, mit den letzten hartnäckigen Blüten vor dem Winter, mit neugierigen Eichhörnchen und dem bunten Laub auf den Pfaden. Der alte Garten in Oxford, der älteste botanische Garten Englands, hat wiederum etwas Magisches an sich mit den mittelalterlichen Mauern, Zinnen und Türmen, die im Hintergrund in die Höhe ragen und alles aussehen lassen wie die Filmkulisse von *Harry Potter*. Aber am fröhlichsten war mein Besuch ohne jeden Zweifel im botanischen Garten von Basel, durch den mich der Orchideengärtner Inayat Olmedo führte.

Olmedo kommt ursprünglich aus Ecuador. Er kennt die Orchideen, die dort in den Wäldern wachsen, ebenso gut wie jene im botanischen Garten. Während wir durch das Gewächshaus schlendern, zählt er die verschiedenen Gattungen auf wie ein Gedicht. *Stanhopea*, *Gongora*, *Vanda*, *Dendrobium*, *Thunia*, *Cattleya*. Besonders stolz ist Olmedo auf seine Konstruktion für Orchideen mit Luftwurzeln: Er klemmt sie auf Baumrinden mit Moosen und Kakaoblättern zusammen und befestigt die Wurzeln mit elastischen Schnüren.

Die Wurzeln epiphytischer Orchideen sind von einer weißen, schaumähnlichen Schicht bedeckt. Dieses Velamen und seine Struktur ermöglichen es der Pflanze, erheblich leichter Wasser und atmosphärische Gase aufzunehmen, wodurch sie einen besseren Zugang zu Nährstoffen bekommt. Oft bilden epiphytische Wurzeln an den Baumstämmen, auf denen sie wachsen, Gemeinschaften – wahrscheinlich ganz im Sinne von Jane Goodalls Vorstellung von Freunden. Neben Orchideen beherbergen die Äste tropischer Bäume Gemeinschaften von Moosen, Flechten und anderen epiphytischen Pflanzen. Diese Ansammlungen können den Baum mit Mineralien versorgen, die sonst aus dem Boden durch die Wurzeln in einen Wirtsbaum diffundieren. Darüber hinaus bilden Epiphyten Miniökosysteme für Insekten und andere Arthropoden und tragen sicherlich zu der extrem hohen Artenvielfalt der tropischen Wälder bei.

Lange Zeit stimmte ich der Botanikerin Sandra Knapp zu, die meinte, Orchideen seien in ihren Augen ein »lauter, übertrieben gekleideter Gast auf der Party – *over the top.*«[7] Aber nach zwei Stunden habe ich zusammen mit Inayat Olmedo knapp ein Drittel der Basler Orchideen gesehen. Manche sind wirklich schrill: Blüten, die wie die Gesichter von Affen aussehen, Lippen so orange wie Eigelb, Düfte von Schokolade und Crème brulée – sie sind wirklich schwer bemüht zu gefallen. Aber dann sind da wiederum ganz kleine Pflänzchen, jene, die Roland Amsler so liebt. In Struktur, Farbe und Geruch stehen sie ihren großblütigen Artgenossen in nichts nach, sondern können sie, im Gegenteil, sogar noch übertreffen.

Orchideen sind auf jeden Fall »over the top«, aber das macht sie ja gerade so spannend. »Pflanzen«, schreibt Sandra Knapp weiter, »sind eine echte Stütze für unseren Planeten. Sie verdienen unsere Aufmerksamkeit und letztlich unseren Schutz und unsere Unterstützung. Orchideen mit ihren manchmal übertriebenen Blüten und ihrer extremen Lebensweise können uns die Augen für andere Zusammenhänge in der Pflanzenwelt öffnen, die uns vielleicht bisher entgangen sind.«[8]

Siebzehnte Station

OXFORD

Die Journalistin Susan Orlean fragte einmal ihren Protagonisten, den »Orchideendieb« John Laroche, was für ihn das Besondere an den Orchideen sei. Er antwortete:

»›Oh, Mysterium, Schönheit, Unergründlichkeit, nehme ich an‹, sagte er und zuckte mit den Schultern. ›Außerdem denke ich, der wahre Grund ist, dass das Leben keinen Sinn hat. Ich meine, keinen offensichtlichen Sinn. Man wacht auf, geht zur Arbeit, macht irgendwas. Ich glaube, jeder ist immer auf der Suche nach etwas Ungewöhnlichem, das ihn beschäftigt und mit dem er sich die Zeit vertreiben kann.‹«[1]

Laroche hat damit gar nicht so unrecht. Mit allem, was wir tun, versuchen wir schließlich unserem Leben einen Sinn zu geben. Wir reisen, erzählen Geschichten, wir lernen Sprachen, besuchen Yogakurse oder sammeln eben seltsame und seltene Dinge. Es ist ein Freitagmorgen im September, als ich mich mit dem britischen Autor Leif Bersweden in Oxford treffe, um mit ihm genau über diese Frage zu sprechen. Bersweden ist in der Nähe der südenglischen Stadt Salisbury als Pfarrerssohn aufgewachsen und hat soeben seinen PhD abgeschlossen. Er ist außerdem ein richtiger Orchideenjäger. Im Jahr 2017 veröffentlichte er sein Buch *The Orchid Hunter*. Er erzählt darin die Geschichte, wie er sich nach dem

Abschluss seiner A-Levels (vergleichbar mit dem deutschen Abitur) auf die Suche nach allen wilden Orchideenarten Großbritanniens machte. In England ist es üblich, sich an mehreren Universitäten zu bewerben. Die Aufnahmeverfahren sind streng, und besonders an den Eliteunis ist die Wahrscheinlichkeit, dass man zugelassen wird, klein. Bersweden hatte sich nur in Oxford beworben und wurde nicht angenommen. Gleich am nächsten Tag fasste er den Entschluss, einen anderen Traum zu verwirklichen und auf Orchideensuche zu gehen. Die Enttäuschung über die Absage verwandelte sich in Vorfreude.

»Warum England?«, frage ich. »Warum nicht auf Orchideenjagd in Australien gehen oder in Brasilien, irgendwo in einem Dschungel, aus dem du Abenteuer mitbringen kannst wie die Sammler von früher?« Bersweden und ich sitzen in einem kleinen Café beim Radcliffe Camera, dem runden Lesesaal der Universität. Das Wetter ist noch warm genug, um draußen zu sitzen, aber die ersten Blätter an den Bäumen färben sich bereits rot. Beide haben wir die Hände zum Wärmen um unsere Tassen gelegt.

»Alle meine Freunde fanden das seltsam«, stimmt Bersweden mir zu. »Nach dem Schulabschluss sind sie durch Thailand und Neuseeland gereist, nur ich blieb in England zurück. Aber ganz in der Nähe, wo ich aufgewachsen bin, habe ich meine erste Bienen-Ragwurz entdeckt. Ich fühle mich dem Regenwald nicht halb so verbunden wie der Natur hier.« Es ist vielleicht ein bisschen ironisch, die Tatsache, dass Berswedens Freunde alle in Gegenden reisten, wo die Mehrzahl aller Orchideen herkommt, während er, der Orchideenliebhaber, in der Heimat blieb. Und zugleich beschreibt er in seinem Buch die einzigartige Vielfalt, die im wahrsten Sinne des Wortes vor seiner Haustür liegt. »Wir unterschätzen Orchideen total.« Berswedens Finger legen sich um seine Kaffeetasse und lösen sich wieder. Eine sanfte Aufregung. »Wenn Orchideen in deinem Garten wachsen, dann kannst du dir sicher sein, dass der Boden gut ist. Sie sind die Krone eines gesunden Ökosystems.«

Ein leises Lächeln stiehlt sich auf sein Gesicht. »Es ist abgefahren, wo Orchideen überall wachsen können! Einmal habe ich sechzig Bienen-Ragwurzen auf dem Parkplatz eines Krankenhauses gesehen. Etwas, was so unscheinbar aussieht, wächst einfach an den unwahrscheinlichsten Orten!« Man hört die Ausrufezeichen, wenn Bersweden spricht. Eigentlich hätte er an dem Abend, als er die vielen unerwarteten Bienen-Ragwurzen fand, auf eine Feier seiner Eltern gehen sollen. »Wehe, du bist auf Orchideenjagd!«, soll ihm sein Vater geschrieben haben – vermutlich wohlwissend, dass sein Sohn nirgendwo anders sein konnte. Bersweden, der an dem Tag eigentlich eine heiße Spur des Brand-Knabenkrauts verfolgt hatte, tauchte schließlich verspätet und mit schlammverschmierten Schuhen bei der Party auf:

> »Ich stieß auf meine Eltern, die einen Blick auf mich warfen und dann fast unisono fragten: ›Wie kannst du nur?‹ Ich warf einen Blick auf meine unordentliche Krawatte, die zerknitterte Hose und die schlammverschmierten Schuhe. Vielleicht wäre es eine gute Idee gewesen, mich umzuziehen. Aber das spielte keine Rolle, ich hatte das Brand-Knabenkraut gesehen.«[2]

Der Reiz der Orchidee mag in ihren Farben liegen, in ihren Düften oder in der ersten Blüte nach langen Jahren der Aufzucht. Aber ich glaube, im Grunde ist es ganz einfach die

Freude, die Bersweden in seinem Buch beschreibt, wann immer er eine weitere Orchideenart findet, eine Art von kindlicher Glückseligkeit über ein weiteres kleines Naturwunder. Seine allererste Orchidee entdeckte Leif Bersweden als Kind beim Familienspaziergang. Schon damals mussten die Eltern auf ihn warten, weil er über die Ähnlichkeit der Bienen-Ragwurz mit einer echten Biene nur staunen konnte. »Es scheint banal zu sagen, dass ich diese erste Bienen-Ragwurz schön fand – obwohl ich es ganz sicher tat«,[3] schreibt Bersweden am Anfang des Buchs.

> »Ich vermute, es war mehr als das Rätsel, so etwas wie eine Frage, die es zu beantworten galt – die seltsame hybride ›Andersartigkeit‹ der Blume, die selbst für mich als naiven Jungen eine faszinierende Überwindung darstellte, ein Überschreiten einer Grenze zwischen zwei Welten, die mir zuvor unterschiedlich erschienen waren.«[4]

Von allen Antworten, die ich auf die Frage gesammelt habe, was Orchideen so besonders macht, berührt mich diese am meisten. Vielleicht liegt das daran, dass ich bei meiner Recherche über die Gründe des Orchideenwahnsinns so selten Menschen in meinem Alter begegne, vielleicht war ich auch einfach nur schockverliebt in Berswedens dunkle Augen. Aber vielleicht, denke ich, als ich später durch Oxfords botanischen Garten schlendere, hat er in Worte gefasst, was ich von Anfang an empfunden habe: dass die Orchideen unwahrscheinliche Welten miteinander verbinden.

Epilog

(K)EIN ORCHIDEENRATGEBER

Einer meiner Lieblingsorte zum Schreiben ist der Garten meiner Mutter. Sie lässt das Gras im Sommer ganz hoch wachsen. Es sieht wild aus, und Fili, die Schäferhündin, liebt es, zwischen den Halmen regelrecht zu verschwinden. Wenn sie dann wiederauftaucht, ist sie immer voller Samen, die ich ihr aus dem Fell pflücken muss. Was ich am Garten aber am meisten mag, ist der Lärm, den die Bienen, Wespen und Hummeln machen, wenn sie sich von Blüte zu Blüte vorarbeiten. Das Summen, Schwirren und Rascheln, dieses eifrige Getümmel. Meine persönlichen Beziehungen zu Pflanzen waren in der Vergangenheit immer sehr kurzlebig. Ich vergesse sie zu gießen oder stelle sie versehentlich an einen zu dunklen Ort, und ich kriege Angstschweiß, wenn ich nur daran denke, die Stängel mit einer Schere zu kürzen. Es kommt daher einigermaßen überraschend, dass ich fast zwei Jahre meines Lebens ausgerechnet den Orchideen gewidmet habe. Früher hätte ich über die Vorstellung gelacht – und wenn ich ehrlich bin, tue ich es auch heute noch. Seit diesem Jahr besitze ich zum ersten Mal eine eigene Orchidee: eine lila *Phalaenopsis*, das Herz im Innern weiß mit kleinen lila Flecken, die wie Sommersprossen aussehen. Ich habe ihr den Namen Javert gegeben, nach dem Polizisten in *Les*

Misérables (dem Musical natürlich). Es ist ein Versuch von mir, der Pflanze auf einer emotionalen Ebene näherzukommen. Das Beste, was ich bislang für sie getan habe, war, sie zu meinen Eltern zu bringen, wo sich Andreas, der Mann meiner Mutter, liebevoll um ihr Wohlergehen kümmert.

Wie pflegt man also eine Orchidee richtig? Sollte jemand dieses Buch gekauft haben in der Hoffnung, Antworten auf eben diese Frage zu finden, möchte ich Sie so kurz vor dem Ende natürlich nicht enttäuschen. Da ich aus eigener Erfahrung aber nur empfehlen kann, sie den Eltern zu geben, greife ich an der Stelle lieber auf die Ratschläge des Experten Roland Amsler zurück:

- Die *Phalaenopsis* braucht nur sehr wenig Wasser, denn ihre Wurzeln müssen atmen können. Am besten tunken Sie den Topf mit der Orchidee zweimal für wenige Sekunden in ein Becken mit Wasser und lassen ihn dann abtropfen.

- Die Orchidee braucht erst Wasser, wenn ihre Wurzeln ganz silbrig sind. In der Trockenheit gehen Pilze und Bakterien nämlich kaputt. Trockenheit macht der Orchidee nichts aus: Es kann Monate dauern, bevor sie verdurstet und stirbt.

- Eine Pflanze, die blüht, leistet mehr als eine, die es gerade nicht tut. Sie braucht also etwas mehr Wasser, denn sie hat auch eine größere Verdunstungsoberfläche.

- Stehen zwei Pflanzen in einem Topf, brauchen sie ebenfalls mehr Wasser. Eine Blume wiederum, die an einem dunkleren Ort steht, schwitzt nicht und braucht darum auch weniger Flüssigkeit.

- Und zu guter Letzt: Orchideen sind Lebewesen. Es gibt kein Rezept dafür, was sie brauchen. Wenn der Packungshinweis nicht funktioniert, geben die Leute automatisch der Pflanze die Schuld daran, dass sie nicht mehr wächst. Aber das Problem ist eher, dass sie einen Pinguin in die Wüste stellen und dann enttäuscht sind, wenn er nicht überlebt. Sie müssen auf die Pflanze eingehen, nicht umgekehrt.

***

Bei einem Besuch im Orchideenverein erzählte mir eine Frau, sie werde nie nach Brasilien, Mexiko oder Taiwan reisen, die Länder, aus denen die Orchideen auf ihrem Fensterbrett stammen. Aber wenn sie ihre Orchideen gieße, sei es für einen Moment lang so, als wäre sie dort. Während ich am Exposé für dieses Buch feilte, schweifte ich bei der Arbeit oft ab, blätterte durch Ausgaben von *Geo Saison* und wünschte mir, ich wäre irgendwo an einem australischen Strand. Mein Entwurf war voller Reisesehnsucht. Ich schrieb ihn in der Hoffnung, dass sich Corona bald in Luft auflösen und große Reisen wieder möglich sein würden. Ein Großteil dieses Buchs ist auf ICE-Fahrten quer durch Deutschland entstanden, auf der Strecke zwischen Hamburg und Bern, in Schnellzügen unter dem Ärmelkanal hindurch und auf holpernden Pendlerstrecken durch das niederländische Flachland. Es ist entstanden in einer Zeit, in der ich nirgends richtig zu Hause war, die Hälfte meiner Bücher auf dem Dachboden meiner Mutter in Bern, die anderen im Gästezimmer meiner Freundin in Hamburg. An beiden Orten hielt ich mich zu fast gleichen Teilen auf, beide Orte zu verlassen, zerrte an meinem Herzen. Die Orchideen brauchen keine Metapher für diese Zerrissenheit zu sein, aber sie haben mich durch diese Zeit begleitet.

Auf Leif Berswedens Tipp hin schaue ich mir auf der Zugfahrt von Oxford zurück nach London Zeitraffervideos von wachsenden Blumen an. Es ist ein Tanz von sich wiegenden Blättern und Halmen, die Regen und Sonnenschein trotzen, und wie aus dem Nichts stehen da plötzlich die Blüten in all ihrer Pracht.

»Blumen«, meinte Bersweden zu mir, während er fröhlich auf ein kleines Gewächs zwischen zwei Pflastersteinen blickte, »stehen vor den gleichen Herausforderungen wie Tiere. Nur sind sie dabei auch noch im Boden verwurzelt.«

Seine Freude war ansteckend, und ich folgte seinem Blick zu dem unscheinbaren Kraut, auf das ich wohl schon tausendfach getreten bin, ohne es eines zweiten Blickes zu würdigen. Welche Geschichten wohl dahinterstecken? Und ob es wohl auch Menschen gibt, die dieses scheinbare Unkraut sammeln und verehren? Ich habe keinen Zweifel, dass John Laroche recht hat, wenn er sagt, dass wir alle nur auf der Suche nach einer sinngebenden Leidenschaft sind. Antworten zu suchen ist vielleicht gar nicht die eigenartigste Form, dem Tumult des Weltgeschehens einen Sinn zu geben.

DANK

Die Tatsache, dass mein Name auf dem Cover und Rücken dieses Buches steht, wirkt Wunder für mein Ego – aber es wird den vielen wunderbaren Menschen nicht gerecht, die diese Geschichte begleitet und unterstützt haben. Ohne euch wäre ich für immer die Verrückte geblieben, die »irgendwas mit Orchideen« recherchiert.

Ich danke meiner Literaturagentin, Bettina Querfurth, und dem Team von HarperCollins, ganz besonders meinen beiden wundervollen Lektorinnen, Nannette Elke und Friederike Moldenhauer. Danke für die liebevolle und geduldige Betreuung und vor allem für das Stand-up-Paddeln auf der Alster! Ein besonderer Dank gilt allen Protagonistinnen und Protagonisten dieser Geschichte: Simon Apothéloz, Rainer Baumann, Leif Bersweden, Jurriaan de Vos, Iris und Jasmin Hassinger, Hannelore Heim vom Kaiserstuhler Gästeführerverband, Rainer Ganzner, Martin Hitziger, Maarten Huisman, Inayat Olmedo, Margareta Pertl, Steffen Siefert, Konstantinos Traganitis, Filip van Noort, Rogier van Vugt, Jörn Winkelmann und natürlich dem Orchideenverein in Baden-Württemberg. Rudolf Jenny, der mich durch die Orchideenbibliothek Orchilibra geführt hat, ist leider im August 2021 kurz nach unserem Gespräch unerwartet verstorben, ich danke auch ihm. Danke vor allem auch Roland Amsler für die vielen Stunden, die ich mit meinen tausend Fragen in seinem Gewächshaus verbringen durfte, und für die langen Textbesprechungen!

Ich möchte zudem jeder Leserin und jedem Leser eine begleitete Orchideenwanderung mit Rainer Baumann (www.taubergiessenbootsfahrt.de) oder Hannelore Heim (www.kaiserstuehler-gaestefuehrer.de) wärmstens ans Herz legen! Ein großer Dank gilt der Reportageschule Reutlingen, besonders Ariel Hauptmeier, Philipp Maußhardt und Stefan Junger, die von Anfang an voll Enthusiasmus auf die Orchideen gesetzt haben. Und natürlich dem gesamten fünfzehnten Jahrgang – danke, dass ihr nur ein bisschen gelacht habt, als ich sagte: »Ich fände ja eine Geschichte über Blumen witzig!« Danke für das Brainstormen, die Wanderungen, den Wein und das Gegenlesen, ihr wunderbaren, gnadenlosen Kritikerinnen und Kritiker. Schreiben ist ein einsames Geschäft, aber ihr habt es gesellig gemacht. Ich danke Manuel Stark von Hermes Baby für die vielen Stunden Diskussionen über Dramaturgie und Storytelling – die Gespräche nahmen manchmal einen fast seelsorgerischen Charakter an!

Danke an meine Familie: meinen Eltern Dorothea Murri und Bernhard Harnickell, ihren Partnern Andreas Hänni und Elvira Harnickell, meinem kleinen Bruder Tobias, Grosi und dem ganzen Rest. Danke für die Pfannkuchen, Gemüsesmoothies, Schultern zum Anlehnen, Hörbuchempfehlungen und dafür, dass ihr so ein cooler Haufen seid!

Ich danke dem Theaterensemble Johannes, das mich mit seinem Greta-Projekt auf den Orchideenwiderstand in der Westschweiz aufmerksam machte. Danke, Monica Jakob, für den Arbeitsplatz, den du mir eingerichtet hast, danke, Lorenz

Jost für das Autorinnenfoto, danke, Jela Gerber, für die ehrlichen Quotes, die du auf den Umschlag drucken würdest (»Die Autorin stinkt« stimmt zwar nicht, wäre aber mal etwas anderes!), und danke natürlich, Jürg Liechti, für so, so vieles, am meisten aber für die gemeinsamen Teestunden! Ein großer Dank allen Freunden, die nicht sauer wurden, wenn ich Verabredungen absagte, und die sich so viele Stunden Zeit nahmen, um sich meine Orchideengeschichten anzuhören. Besonders Annemari, die mich mit Filmabenden, Hundespaziergängen und Kuchen vom Schreibtisch weglockte und ihren Teil dazu beigetragen hat, dass ich nicht ganz zum Zombie wurde. Last, not least geht natürlich ein riesiges Dankeschön an mein zweites Zuhause, die Buchhandlung Stauffacher in Bern, die das Orchideenschaufenster schon plante, als es noch gar keinen Buchvertrag gab. Carola Klein und Tashina Fankhauser, danke, dass ihr Buchhändlerinnen mit Vertrauen seid! Und nur für den Fall, dass es etwas bringt, möchte ich auch Andrew Lloyd Webber danken für das endlose Repertoire an Musik, die beim Schreiben im Hintergrund lief. Bitte kontaktieren Sie mich zur Umsetzung dieses Werks in ein Broadway-Musical: Ich habe viele gute Vorschläge!

BIBLIOGRAFIE

ABC News In-depth: »Meet those getting rich off vanilla in Madagascar | Foreign Correspondent«, 01.02.2019. https://www.youtube.com/watch?v=OrAmGJv7kbw (Letzter Zugriff: 12.03.2022)

ACRYLITE: »Europe's Leading Orchid Growers«. http://acrylicbuildingproducts.com/applications/greenhouse/case-studies/europes-leading-orchid-growers (Letzter Zugriff: 15.01.2022.)

Arditti, Joseph: »An history of orchid hybridization, seed germination and tissue culture«, in: *Botanical Journal of the Linnean Society 89* (1984).

Ayers, Elaine: »Floral Fixation«, in: *Lady Science*, 12.03.2020. https://www.ladyscience.com/features/floral-fixation-anna-maria-walker-botanical-illustration (Letzter Zugriff: 12.03.2022)

Ballard, James Graham: »Prima Belladonna«, in: *You Books*. https://www.you-books.com/book/J-G-Ballard/Prima-Belladonna (Letzter Zugriff: 12.03.2022)

BBC News: »Vanilla Thieves Of Madagascar (Full Documentary)«, 19.08.2018. https://www.youtube.com/watch?v=9nFzAT3cUws (Letzter Zugriff: 12.03.2022)

Beliebteste blühende Zimmerpflanzen in Deutschland nach Marktanteil in den Jahren 2019 und 2020, in: *Statista, Beliebteste blühende Zimmerpflanzen in Deutschland nach Marktanteil in den Jahren 2019 und 2020*. https://de.statista.com/statistik/daten/studie/206577/umfrage/beliebteste-bluehende-zimmerpflanzen-nachmarktanteil/ (Letzter Zugriff: 12.03.2022)

Bedecktsamer, in: *Pflanzenforschung.de*. https://www.pflanzenforschung.de/de/pflanzenwissen/lexikon-a-z/bedecktsamer-257 (Letzter Zugriff: 12.03.2022)

Bernhardt, Peter: Wily Violets and Underground Orchids: Revelations of a Botanist. Chicago, 2003.

Bernhardt, Peter; Retha Edens-Meier: Darwin's Orchids: Then and Now. Chicago, 2014.

Bersweden, Leif: The Orchid Hunter. A Young Botanist's Search for Happiness. London, 2017.

Bishop, Katherine E.; Higgins, David; Määttä, Jerry: Plants in Science Fiction: Speculative Vegetation. Cardiff, 2020.

Biological classification, in: *Wikipedia*. https://commons.wikimedia.org/wiki/File:Biological_classification_de.svg (Letzter Zugriff: 12.03.2022)

Boyd, John: The Pollinators of Eden. London, 1978.

Boyle, Frederick; Russan, Ashmore: The Orchid Seekers: A Story of Adventure in Borneo. London, 1893.

Brooke, James: The Fairfield Orchids. A Descriptive Catalogue of the Species and Varieties Grown by James Brooke and Co., Fairfield Nurseries. Manchester, 1872.

Brooke, Jocelyn: The Orchid Trilogy. London, 2017.

Bundesamt für Umwelt BAFU: Nagoya-Protokoll. https://www.bafu.admin.ch/bafu/de/home/themen/biotechnologie/fachinformationen/nagoya-protokoll.html#332432379 (Letzter Zugriff: 12.03.2022)

Bryson, Bill: At Home: A Short History of Private Life. New York, 2010.

Bryson, Bill: Eine kurze Geschichte der alltäglichen Dinge. München, 2012.

Christie's: Woolward. https://www.christies.com/en/lot/lot-5855930 (Letzter Zugriff: 12.03.2022)

Clifford, T. George: »T. George Clifford's herbarium sheet«, in: *Natural History Museum*. https://www.nhm.ac.uk/galleries/galleries-home/treasures/specimens/clifford/ (Letzter Zugriff: 12.03.2022)

»CrashCourse: Taxonomy: Life's Filing System – Crash Course Biology #19«, 04.06.2012. https://www.youtube.com/watch?v=F38BmgPcZ_I (Letzter Zugriff: 12.03.2022)

Cribb, Philipp; Jarvis, Charlie: »Linnaean sources and concepts of orchids«, in: Annals of Botany 104, 2009.

Dalby, Andrew: »The Name of the Rose Again; or, what happened to Theophrastus On Aphrodisiacs?«, in: *Petits Propos Culinaires 64* (2000).

»Das Hark-Safety-System«, in: *HARK Orchideen*. https://www.hark-orchideen.de/hark-safety-system/ (Letzter Zugriff, 12.03.2022)

De Boer, Hugo; Gravendeel, Barbara; Kreziou, Anna: »Harvesting of salep orchids in north-western Greece continues to threaten natural populations«, in: *Oryx*, 28 April 2015. https://www.cambridge.org/core/journals/

oryx/article/harvesting-of-salep-orchids-in-northwestern-greece-continues-to-threaten-natural-populations/B2843D8CF837F490F3114D17FED20F70# (Letzter Zugriff: 12.03.2022)

»Down House«, in: »The Home of Charles Darwin«, in: English Heritage Guidebooks. London, 2016.

Dubochet, Jacques: Colline du Mormont: »Les orchidées contre le ciment«, in: *Le Temps*, 27.03.2021. https://blogs.letemps.ch/jacques-dubochet/2021/03/27/colline-du-mormont-les-orchidees-contre-le-ciment/ (Letzter Zugriff: 12.03.2022)

Ecott, Tim: Vanilla. In Search of the Luscious Substance. London, 2004. S. 211.

»Echte Bourbon Vanille«, in: *Rapunzel*. https://www.rapunzel.de/warenkunde-bourbon-vanille.html#:~:text=Das%20Besondere%3A,und%20La%20Reunion%20angebaut%20wird (Letzter Zugriff: 12.03.2022)

The Economist: »Why is vanilla so expensive?«, 15.05.2019. https://www.youtube.com/watch?v=oguPMXcrOVY. (Letzter Zugriff: 12.03.2022)

Endersby, Jim: Orchid. A Cultural History. Chicago, 2016.

Das Erste: »Der Name der Orchidee«. https://www.daserste.de/unterhaltung/krimi/tatort/sendung/2005/der-name-der-orchidee-100.html (Letzter Zugriff: 12.03.2022)

Florence Woolward, in: *National Trust*. https://www.nationaltrust.org.uk/belton-house/features/florence-woolward. (Letzter Zugriff: 12.03.2022)

Frey, Jonas; Krstin, Timo; Kynd, Kira; Schuler, Maria-Theres: »›Zone à Défendre‹«: Bäume, Beton, Barrikaden«, in: *Das*

Lamm, 29.03.2021. https://daslamm.ch/zone-a-defendre-baeume-beton-barrikaden/ (Letzter Zugriff: 12.03.2022)

Gaskett, Anne: »The sexual deception of orchids«, in: *Ted-Ed*. https://www.youtube.com/watch?v=hmI-rJuYAjw&t=93s. 0'19"-0'29" (Letzter Zugriff: 12.03.2022)

Gewertz, Ken: Taxonomist Carl Linnaeus on show at HMNH, in: *The Harvard Gazette*, 1.11.2007. https://news.harvard.edu/gazette/story/2007/11/taxonomist-carl-linnaeus-on-show-at-hmnh/#:~:text=A%20highly%20religious%20man%20(although,God%20created%2C%20Linnaeus%20organized) (Letzter Zugriff: 12.03.2022)

Greene, Edward Lee: »Landmarks of botanical history; a study of certain epochs in the development of the science of botany«, in: *Smithsonian Miscellaneous Collections, Vol. 54*. Washington, Smithsonian Institution Press, 1909.

Goodall, Jane: Seeds of Hope. Wisdom and Wonder from the World of Plants. New York, 2020.

Goodreads: »Vanilla«. https://www.goodreads.com/search?q=vanilla&qid=sMniwfSxDg (Letzter Zugriff: 12.03.2022)

Gunasekera, Susil W.: »Flowering plants for colourful garden«. https://www.sundaytimes.lk/090719/Magazine/sundaytimesmagazine_02.html (Letzter Zugriff: 12.03.2022)

Haeckel Orchidae, in: *Wikimedia*. https://commons.wikimedia.org/wiki/File:Haeckel_Orchidae.jpg (Letzter Zugriff: 12.03.2022)

Hark-Orchideen.de: FAQ. https://www.hark-orchideen.de/faq/ (Letzter Zugriff, 12.03.2022)

Hellenic Nature Shop: »Salep oder Sahlep (Orchis Mascula)«. https://hellenicnatureshop.de/products/original-salepsahlep-sahleb-100-pure-w-o-additives-best-quality-handpicked-roots-and-powdered?variant=35000354865315 (Letzter Zugriff: 12.03.2022)

Heysen, Chris: »Our Life's Journey with Orchids«, in: *Australian Orchid Foundation*, Essay Competition 2013. https://www.australianorchidfoundation.org.au/wp-content/uploads/Essays/2013/1st-Prize-winner-Chris-Heysen.pdf (Letzter Zugriff: 12.03.2022)

H.T.F.: Feeble Faith: A Story of Orchids. London, 1882.

The Huntington Store: Paphiopedilum stonei. https://www.thehuntingtonstore.org/products/paphiopedilum-stonei (Letzter Zugriff: 12.03.2022)

International Plant Index: Woolward – Florence Helen Woolward (1854–1936). https://www.ipni.org/?q=author%20std%3AWoolward (Letzter Zugriff: 12.03.2022)

Journeyman Pictures: »Madagascan Vanilla Trade Controlled By Chinese Businesses«, 02.03.2015. https://www.youtube.com/watch?v=VP35VVFCQ90 (Letzter Zugriff: 12.03.2022)

Kaiser, Roman: Vom Duft der Orchideen. Olfaktorische und chemische Untersuchungen. Basel, 1993.

Kelleher, Katy: »The Ugly History of Beautiful Things: Orchids«, in: *Longreads*, Oktober 2019. https://longreads.com/2019/10/08/ugly-history-beautiful-things-orchids/ (Letzter Zugriff: 12.03.2022)

Knapp, Sandra: Extraordinary Orchids. 2021, Chicago.

Krstin, Timo; Sutter, Pascal: »Orchideen statt Zement: Geschichten von der ersten ZAD in der Schweiz«, in: *Das Lamm*, 25.03.2021. https://daslamm.ch/zone-a-defendre-auftakt/ (Letzter Zugriff: 12.03.2022)

Kühne, Bettina: »3000 Orchideen im Naturschutzgebiet Taubergießen gestohlen«, in: *Baden Online*. https://www.bo.de/lokales/ortenau/3000-orchideen-im-naturschutzgebiet-taubergiessen-gestohlen# (Letzter Zugriff: 12.03.2022)

Liger, Louis: Historischer und verständiger blumen-gärtner, oder Unterricht von bau- und wartung der blumen, bäume und stauden-gewächse, so zur aufputzung eines gartens dienen können. J.L. Gleditsch, und M.G. Weidmann, 1715.

Live About: »How to Make Pure Vanilla Extract for Half the Cost«, 25.06.2019. https://www.liveabout.com/how-to-make-pure-vanilla-extract-for-half-the-cost-1388878 (Letzter Zugriff 12.03.2022)

Lee, Mackenzi: The Lady's Guide to Petticoats and Piracy. New York, 2018.

Millar, Andrée: Orchids of Papua New Guinea. An Introduction. Canberra, 1978.

Millican, Albert: Travels and Adventures of an Orchid Hunter, 1891.

Multhaupt, Philipp: Knabenkräuter: »Wo sie vorkommen und wie du sie erkennst«, in: *Utopia*, 19.11.2020. https://utopia.de/ratgeber/knabenkraeuter-wo-sie-vorkommen-und-wie-du-sie-erkennst/ (Letzter Zugriff: 12.03.2022)

NFOX: »Vanilla Sex« (1989), in: *Spotify*. https://open.spotify.com/track/4G18gXIviFudN6OWN4p5Tz?si=dc4f08b2d33e4256 (Letzter Zugriff: 12.03.2022)

Nova: »Orchid Hunter«, 26.11.2002.
https://www.pbs.org/wgbh/nova/orchid/about.html
Letzter Zugriff: (12.03.2022)

Neue Zürcher Zeitung: »Polizei räumt Protestcamp von Aktivisten bei Holcim-Steinbruch im Waadtland«, 30.03.2021. https://www.nzz.ch/panorama/polizei-raeumt-protest-camp-von-aktivisten-bei-holcim-steinbruch-im-waadtland-ld.1609319?reduced=true (Letzter Zugriff: 12.03.2022)

NZZ Format: »Die geheimen Tricks der Orchideen« (2008). https://www.youtube.com/watch?v=tETCVe43lxw&t=1726s (Letzter Zugriff: 12.03.2022)

One Direction: »Stand Up« (2012), in: *Spotify*. https://open.spotify.com/track/147ximWPJObFNQ4M1AhFox?si=6ea72d01e5aa453a (Letzter Zugriff: 12.03.2022)

Der Orchideen-Dieb, in: IMDb. https://www.imdb.com/title/tt0268126/ (Letzter Zugriff: 12.03.2022)

The Orchid Review: The History of Orchid Cultivation. No. 14, February 1894.

Orchideen-Wichmann.de: Phalaenopsis amabilis ›aphrodite‹. https://www.orchideen-wichmann.de/de/phalaenopsis-amabilis-aphrodite.html (Letzter Zugriff: 12.03.2022)

Orchideen-Wichmann.de: Stanhopea. https://www.orchideen-wichmann.de/de/orchideen-pflanzen/stanhopea.html (Letzter Zugriff: 12.03.2022)

Orchideen-Wichmann.de: Vanilla planifolia ›variegata‹ (Rankegitter) – Echte Vanille Pflanze.
https://www.orchideen-wichmann.de/de/vanilla-planifolia-variegata-rankegitter-echte-vanille-pflanze.html
(Letzter Zugriff: 12.03.2022)

Orland, Barbara; Scheich, Elvira (Hrsg.): Das Geschlecht der Natur, Frankfurt am Main, 1995.

Orlean, Susan: »Orchid Fever«, in: *The New Yorker*, 15.01.1995. https://www.newyorker.com/magazine/1995/01/23/orchid-fever (Letzter Zugriff: 12.03.2022)

Orlean, Susan: The Orchid Thief, 1998, London.

Pflanzenforschung.de: Gefäßpflanzen. https://www.pflanzenforschung.de/de/pflanzenwissen/lexikon-a-z/gefaesspflanzen-252 (Letzter Zugriff: 12.03.2022)

The Plant List: Orchidaceae. http://www.theplantlist.org/1.1/browse/A/Orchidaceae/ (Letzter Zugriff: 12.03.2022)

Rain, Patricia: Vanilla. The Cultural History of the World's Favorite Flavor and Fragrance. New York, 2004.

Rix, Martyn; Sherwood, Shirley (Hrsg.): Treasures of Botanical Art. London, 2019.

Royal Botanic Gardens Kew Princess of Wales Conservatory. https://www.kew.org/kew-gardens/whats-in-the-gardens/princess-of-wales-conservatory (Letzter Zugriff: 12.03.2022)

RP Online: »Diebe graben 3000 geschützte Orchideen-Knollen aus«. https://rp-online.de/panorama/deutschland/schwere-umweltstraftat-in-suedbaden-diebe-graben-3000-geschuetzte-orchideen-knollen-aus_aid-38680155 (Letzter Zugriff: 12.03.2022)

Sele, Sebastian: »Es geht nicht um einen kleinen Hügel, es geht um die ganze Welt«, in: *Die Wochenzeitung*, 01.04.2021. https://www.woz.ch/2113/besetzung-in-der-waadt/es-geht-nicht-um-einen-kleinen-huegel-es-geht-um-die-ganze-welt (Letzter Zugriff: 12.01.2022)

Shakespeare, William: Hamlet. Zweisprachige Ausgabe. Deutsch von Frank Günther. München, 2020.

Shteir, Ann B.: Cultivating Women, Cultivating Science: Flora's Daughters and Botany in England, 1760–1860. Baltimore, 1996.

Spary, E. C.: Eating the Enlightenment: Food and the Sciences in Paris, 1670–1760. Chigago, 2012.

Der Spiegel: »Das Geheimnis der Orchideen«, 12.05.2003. https://www.spiegel.de/spiegel/a-248380.html (Letzter Zugriff: 12.03.2022)

Statista: Führende Exportländer für Agrarprodukte weltweit nach Exportwert im Jahr 2019, 23.11.2021. https://de.statista.com/statistik/daten/studie/1188866/umfrage/fuehrende-exportlaender-fuer-agrarprodukte-weltweit-nach-exportwert/#professional (Letzter Zugriff: 12.03.2022)

Statista: Produktion der führenden Erzeugerländer von Vanille weltweit in den Jahren 2018 bis 2020. https://de.statista.com/statistik/daten/studie/1133653/umfrage/produktion-vanille-fuehrende-laender/#:~:text=Das%20f%C3%BChrende%20Land%20in%20der,Inselstaat%20im%20Jahr%202020%20produziert (Letzter Zugriff: 12.03.2022)

Tassin, Jiyana: »On ne défend pas las nature, on est la nature qui se défend«, in: *Jeunes Vertes*, 07.12.2020. https://www.jeunesverts.ch/blog-fr/jiyana-tassin/-on-ne-defend-pas-la-nature-on-est-la-nature-qui-se-defend. (Letzter Zugriff: 12.03.2022)

Taylor, John Ellor: The Sagacity & Morality of Plants: A Sketch of the Life & Conduct of the Vegetable Kingdom. London, 1884.

Vowles, Neil: »New study shows climate change is wreaking havoc on delicate relationship between orchids and bees«, in: University of Sussex, 15 May 2018. https://www.sussex.ac.uk/broadcast/read/44333 (Letzter Zugriff: 12.03.2022)

Walker, Tamsin: »Wenn man ein Blatt malen kann, kann man die ganze Welt malen«, in: *Deutsche Welle*, 04.03.2015. https://www.dw.com/de/wenn-man-ein-blatt-malen-kann-kann-man-die-ganze-welt-malen/a-18293671-0 (Letzter Zugriff: 12.03.2022)

Wells, H.G.: »Die seltsame Orchidee«, in: Meistererzählungen. Zürich. 2002, Kindle Edition.

Wikipedia: Orchideen. https://de.wikipedia.org/wiki/Orchideen (Letzter Zugriff: 12.03.2022)

Wikipedia: Vanillasex. https://de.wikipedia.org/wiki/Vanillasex (Letzter Zugriff: 12.03.2022)

Wilde, Oscar: Das Bildnis des Dorian Gray. Köln, 2007, Kindle Edition.

Williams, Benjamin Samuel: The orchid-grower's manual. London, 1885.

Zekri, Sonja: »Der schwierigste Fall«, in: *Süddeutsche Zeitung*, 17.05.2010. https://www.sueddeutsche.de/kultur/sherlock-holmes-forschung-der-schwierigste-fall-1.434915 (Letzter Zugriff: 12.03.2022)

ANMERKUNGEN

Prolog. DER FALL »ORCHIDEENWIESE«

1 *Statista*: Beliebteste blühende Zimmerpflanzen in Deutschland nach Marktanteil in den Jahren 2019 und 2020. https://de.statista.com/statistik/daten/studie/206577/umfrage/beliebteste-bluehende-zimmerpflanzen-nach-marktanteil/. Letzter Aufruf: 12.03.2022.

2 Orlean, Susan: *The Orchid Thief,* 1998, London. S. 49.

3 Orlean, S. 66 und https://www.pbs.org/wgbh/nova/orchid/about.html. Letzter Aufruf: 15.01.2022.

4 De Boer, Hugo; Gravendeel, Barbara; Kreziou, Anna: »Harvesting of salep orchids in north-western Greece continues to threaten natural populations«, in: *Oryx*, 28. April 2015. https://www.cambridge.org/core/journals/oryx/article/harvesting-of-salep-orchids-in-northwestern-greece-continues-to-threaten-natural-populations/B2843D8CF837F490F3114D17FED20F70#. Letzter Aufruf: 12.03.2022.

Erste Station. THESSALONIKI

1 Zit.n. Dalby, Andrew: »The Name of the Rose Again; or, what happened to Theophrastus On Aphrodisiacs?«, in: *Petits Propos Culinaires* 64 (2000). S. 9–11. Zitat auf Englisch: »Besides affecting health, disease and death, people say that some plants have other specific effects, physical and mental. Firstly the physical effects, by which I mean favouring or inhibiting procreation. There is at least one plant whose root is said to show both powers. This is the so-called salep [Orchis spp., e.g. O. mascula], which has a double bulb, one large and one small. The larger, given in the milk of a

mountain goat, produces more vigour in sexual intercourse; the smaller inhibits and forestalls.«

2 Endersby, S. 20 f. Zitat auf Englisch: »The root is double; the lower part, which is also the larger, promoting the conception of male issue, the upper or smaller part, that of female.«

3 Zit. n. Knapp, Sandra: *Extraordinary Orchids*. 2021, Chicago. S. 42.

4 Liger, Louis: *Historischer und verständiger blumen-gärtner, oder Unterricht von bau- und wartung der blumen, bäume und stauden-gewächse, so zur aufputzung eines gartens dienen können*. J.L. Gleditsch, und M.G.Weidmann, 1715. S. 226 f.

5 Endersby, S. 61.

6 Liger, S. 227.

Zweite Station. KEW GARDENS, LONDON

1 »The History of Orchid Cultivation«, in: *The Orchid Review*, No. 14, Februar 1894. S. 44 f. und Endersby, S. 66 f.

2 *NZZ Format*: »Die geheimen Tricks der Orchideen – Dokumentation von NZZ Format« (2008). https://www.youtube.com/watch?v=tETCVe43lxw&t=1726s. Letzter Aufruf: 12.03.2022. 9'02"–9'35".

3 Zit. n. Bryson, S. 33. Deutsche Übersetzung von Sigrid Ruschmeier, *Eine kurze Geschichte der alltäglichen Dinge*. München, 2012.

4 Endersby, S. 65 f.

5 Endersby, S. 73.

6 Endersby, S. 74.

7 Endersby, S. 74 f.

8 Bryson, S. 43.

Dritte Station. WIEN

1 Walker, Tamsin: »Wenn man ein Blatt malen kann, kann man die ganze Welt malen«, in: *Deutsche Welle*, 04.03.2015. https://www.dw.com/de/wenn-man-ein-blatt-malen-kann-kann-man-die-ganze-welt-malen/a-18293671-0. Letzter Aufruf: 12.03.2022.

Vierte Station. DIE WISSENSCHAFT

1 Endersby, S. 48 f.

2 Natural History Museum: T. George Clifford's herbarium sheet. https://www.nhm.ac.uk/galleries/galleries-home/treasures/specimens/clifford/. Letzter Aufruf: 12.03.2022.

3 Gewertz, Ken: »Taxonomist Carl Linnaeus on show at HMNH«, in: *The Harvard Gazette*, 1.11.2007. https://news.harvard.edu/gazette/story/2007/11/taxonomist-carl-linnaeus-on-show-at-hmnh/#:~:text=A%20highly%20religious%20man%20(although,God%20created%2C%20Linnaeus%20organized). Letzter Aufruf: 12.03.2022.

4 Endersby, S. 52.

5 Endersby, S. 54.

6 Cribb, Jarvis, S. 371.

Fünfte Station. SEXLAND

1 Endersby, S. 56.

2 Schiebinger, Londa: »Das private Leben der Pflanzen: Geschlechterpolitik bei Carl von Linné und Erasmus Darwin«, in: *Das Geschlecht der Natur*, Hrsg. v. Orland, Barbara; Scheich, Elvira, Frankfurt am Main, 1995. S. 250.

3 Endersby, S, 56.

4 Endersby, S. 135.

5 Endersby, S. 57.

6 Zit. n. Schiebinger, S. 245. Übersetzung von Xenja Rajewski.

7 Schiebinger, S. 260.

8 Zit. n. Brooke, James: *The Fairfield Orchids. A Descriptive Catalogue of the Species and Varieties Grown by James Brooke and Co., Fairfield Nurseries.* Manchester, 1872. S. 10.

Sechste Station. HERBARIUM BASEL

1 Zit. n. Zekri, Sonja: »Der schwierigste Fall«, in: *Süddeutsche Zeitung*, 17.05.2010. https://www.sueddeutsche.de/kultur/sherlock-

holmes-forschung-der-schwierigste-fall-1.434915.
Letzter Aufruf: 12.03.2022.

2 Endersby, S. 83.

3 Endersby, S. 99 ff.

4 Endersby, S. 101.

5 Endersby, S. 101.

Siebte Station. DOWNE BEI LONDON

1 Führung durch Down House.

2 Zit. n. *English Heritage Guidebooks*, S. 19.

3 Endersby, S. 90.

4 Endersby, S. 91 f.

5 Endersby, S. 96. Zitat im Original: »… grave and learned men formerly maintained that such useless organs were not remnants retained by inheritance, but were specifically created and arranged in their proper places like dishes on a table (this is the simile of a distinguished botanist) by an Omnipotent hand ›to complete the scheme of nature.‹«

6 Endersby, S. 97.

7 Endersby, S. 103.

8 *English Heritage Guidebooks*, S. 23.

9 *English Heritage Guidebooks*, S. 23.

10 Endersby, S. 129 f.

11 Endersby, S. 228.

12 Knapp, S. 107.

13 Endersby, S. 230.

14 Endersby, S. 230 f.

15 Endersby, S. 230 f.

Achte Station. MADAGASKAR

1 Zit. n. NFOX: »Vanilla Sex«, 1989. https://open.spotify.com/track/4G18gXIviFudN6OWN4p5Tz?si=dc4f08b2d33e4256.

Letzter Aufruf: 12.03.2022. 1'03"–1'16".

2 Endersby, S. 58.

3 Endersby, S. 31.

4 Führende Exportländer für Agrarprodukte weltweit nach Exportwert im Jahr 2019, in: *Statista*, 23.11.2021. https://de.statista.com/statistik/daten/studie/1188866/umfrage/fuehrende-exportlaender-fuer-agrarprodukte-weltweit-nach-exportwert/#professional. Letzter Aufruf: 12.03.2022.

5 Zit. n. »Vanilla planifolia ›variegata‹ (Rankegitter) – Echte Vanille Pflanze«, in: *Orchideen-Wichmann.de*. https://www.orchideen-wichmann.de/de/vanilla-planifolia-variegata-rankegitter-echte-vanille-pflanze.html. Letzter Aufruf: 12.03.2022.

6 Ecott, Tim: *Vanilla. In Search of the Luscious Substance.* London, 2004. S. 211.

7 Produktion der führenden Erzeugerländer von Vanille weltweit in den Jahren 2018 bis 2020, in: *Statista*. https://de.statista.com/statistik/daten/studie/1133653/umfrage/produktion-vanille-fuehrende-laender/#:~:text=Das%20f%C3%BChrende%20Land%20in%20der,Inselstaat%20im%20Jahr%202020%20produziert. Letzter Aufruf: 12.03.2022.

8 Rain, S. 83.

9 Ecott, S. 135.

10 Ecott, S. 203 f.

11 Ecott, S. 203.

12 Rain, S. 10.

13 Ecott, S. 205.

14 »How to Make Pure Vanilla Extract for Half the Cost«, in: *Live About*, 25.06.2019. https://www.liveabout.com/how-to-make-pure-vanilla-extract-for-half-the-cost-1388878. Letzter Aufruf 12.03.2022.

15 Ecott, S. 214.

16 Ecott, S. 214.

17 »Why is vanilla so expensive?«, in: *The Economist*, 15.05.2019. https://www.youtube.com/watch?v=oguPMXcrOVY.

Letzter Aufruf: 12.03.2022. 0'25"–0'33".

18 *The Economist,* 1'43"–1'58".

19 *The Economist,* 1'00"–1'10" und *BBC News*, 3'10"–3'24".

20 *ABC News In-depth,* 3'20"–3'31", 7'34"–8'32" und *The Economist*, 0'13"–0'18".

21 *Journeyman Pictures,* 12'14"–12'27".

22 *Journeyman Pictures,* 22'03"–22'24", 23'35"–24'14".

23 Ecott, S. 215.

Neunte Station. SIRNACH IN DER SCHWEIZ

1 Zit. n. T. F. H.: *Feeble Faith: A Story of Orchids*. London, 1882. S. 5.

2 Endersby, S. 225.

3 Endersby, S. 225.

4 Millican, S. 149.

5 Millican, S. 151.

6 Endersby, S. 227.

7 Williams, Benjamin Samuel: *The orchid-grower's manual.* London, 1885. S. 2.

8 Williams, S. 7.

9 Endersby, S. 106.

10 Zit. n. Brooke, James: *The Fairfield Orchids. A Descriptive Catalogue of the Species and Varieties Grown by J. Brooke & Co.* London, 1872. S. 2.

11 Endersby, S. 107.

12 Endersby, S. 108: 471.000 US-Dollar; und https://www.finanzen.net/waehrungsrechner/euro_us-dollar

13 Endersby, S. 108.

Zehnte Station. PERNAMBUCO, BRASILIEN

1 Endersby, S. 109.

2 Endersby, S. 110.

3 Endersby, S. 110.

4 Endersby, S. 111 ff.

5 Endersby, S. 113 f.

6 Endersby, S. 115 f.

7 Endersby, S. 116.

8 Endersby, S. 119 ff.

9 Endersby, S. 123 ff.

10 Endersby, S. 123 ff.

11 Endersby, S. 123 ff.

12 Endersby, S. 127 f.

Elfte Station. PAPUA-NEUGINEA

1 Zit. n. Lee, Mackenzi: *The Lady's Guide to Petticoats and Piracy.* New York, 2018. S. 309.

2 Millar, Andreé: *Orchids of Papua New Guinea. An Introduction.* Canberra, 1978. S. viii.

3 Außerdem der 9. Markgraf von Lothian, einer Region in Schottland.

4 Florence Woolward, in: *National Trust.* https://www.nationaltrust.org.uk/belton-house/features/florence-woolward. Letzter Aufruf: 12.03.2022.

5 Knapp, S. 135.

6 *National Trust.*

7 Ayers, Elaine: »Floral Fixation«, in: *Lady Science*, 12.03.2020. https://www.ladyscience.com/features/floral-fixation-anna-maria-walker-botanical-illustration. Letzter Aufruf: 17.01.2022; und Shteir, Ann B.: *Cultivating Women, Cultivating Science: Flora's Daughters and Botany in England*, 1760–1860. Baltimore, 1996. S. 193.

8 Ayers, Elaine: »Floral Fixation«, in: *Lady Science*, 12.03.2020. https://www.ladyscience.com/features/floral-fixation-anna-maria-walker-botanical-illustration. Letzter Aufruf: 17.01.2022; und Shteir, Ann B.: *Cultivating Women, Cultivating Science: Flora's Daughters and Botany in England*, 1760–1860. Baltimore, 1996. S. 193.

9 Ayers, Elaine: »Floral Fixation«, in: *Lady Science*, 12.03.2020. https://www.ladyscience.com/features/floral-fixation-anna-maria-walker-botanical-illustration. Letzter Aufruf: 17.01.2022; und Shteir, Ann B.: *Cultivating Women, Cultivating Science: Flora's Daughters and Botany in England*, 1760–1860. Baltimore, 1996. S. 193.

10 Ayers, Elaine: »Floral Fixation«, in: *Lady Science*, 12.03.2020. https://www.ladyscience.com/features/floral-fixation-anna-maria-walker-botanical-illustration. Letzter Aufruf: 12.03.2022; und Shteir, Ann B.: *Cultivating Women, Cultivating Science: Flora's Daughters and Botany in England*, 1760–1860. Baltimore, 1996. S. 193.

11 Zit. n. Heysen, Chris: »Our Life's Journey with Orchids«, in: *Australian Orchid Foundation, Essay Competition 2013*. https://www.australianorchidfoundation.org.au/wp-content/uploads/Essays/2013/1st-Prize-winner-Chris-Heysen.pdf. Letzter Aufruf: 12.03.2022. Auf Englisch: »The year: 1964. I was a 21 year old Agricultural Officer based at Mumeng, about 14–15 hours walk away – there was no road, just walking tracks in the jungle. I was on patrol – walking from village to village and staying in each place for a few days while advising the people, who were basically subsistence farmers, how to grow coffee – a new cash crop for the area.

I'd never met this Missus belong Plaua but thought I'd better hang around until she arrived in case there was anything I, as the only English speaking person within 100 kms or so, could do to help.

A couple of hours later the faint buzz of an engine could be heard, growing louder as the little plane circled the valley to lose height before landing. The whole village was lined up at the side of the airstrip as a group of three or four women, all dressed in well worn, practical, bush type clothes, and strong walking boots alighted from the Cessna. In their midst was a large lady who immediately started giving orders in a loud stentorian voice, and in perfect Pidgin, to all and sundry. She obviously needed no help at all.

She spied me among the waiting throng – I wasn't hard to see being the only white face in the sea of brown. »And who are you?« she demanded. I tentatively introduced myself. »Ah ha – Didiman! [Pidgin English for Agricultural Officer] – you can help organise some of the bois [village men] to find orchids for us!«

Thus was my first meeting with Andrée Millar! She and a few friends were there to collect orchids for the Lae Botanic Gardens.«

12 Millar, S. 2.

13 Millar, S. 23.

14 Lee, S. 309.

Zwölfte Station. DIE LITERATUR

1 Endersby, S. 167 f.

2 Endersby, S. 167 f.

3 Shakespeare, William: *Hamlet.* Zweisprachige Ausgabe. Deutsch von Frank Günther. München, 2020.

4 Endersby, S. 134.

5 Endersby, S. 63.

6 Endersby, S. 133.

7 Endersby, S. 169.

8 Zit. n. Wells, H.G.: »Die seltsame Orchidee«, in: *Meistererzählungen.* Zürich. 2002, Kindle Edition. S. 8.

9 Wells, S. 10.

10 Wells, S. 7.

11 Wells, S. 13.

12 Wells, S. 14.

13 Endersby, S. 169.

14 Zit. n. Wilde, Oscar: *Das Bildnis des Dorian Gray.* Köln, 2007, Kindle Edition. S. 216.

15 Wilde, S. 141.

16 Endersby, S. 170.

17 Endersby, S. 170.

18 Endersby, S. 175.

19 Endersby, S. 175.

20 Endersby, S. 174.

21 Endersby, S. 175 f.

22 Zit. n. Boyle, Frederick; Russan, Ashmore: *The Orchid Seekers: A Story of Adventure in Borneo*. London, 1893. S. 1.

23 Boyle, Russan, S. 2.

24 Boyle, Russan, S. 144.

25 Boyle, Russan, S. 131.

26 Endersby. S. 191.

27 Endersby, S. 192.

28 Zit. n. Brooke, Jocelyn: *The Orchid Trilogy.* London, 2017. S. 244.

29 Brooke, S. 253.

30 Brooke, S. 254.

31 Brooke, S. 267.

32 Brooke, S. 268.

33 Endersby, S. 195.

Dreizehnte Station. DER WELTRAUM

1 Endersby, S. 147.

2 Taylor, John Ellor: *The Sagacity & Morality of Plants: A Sketch of the Life & Conduct of the Vegetable Kingdom.* London, 1884. S. v.

3 Taylor, S. 1.

4 Taylor, S. 2.

5 Endersby, S. 143.

6 Endersby, S. 144.

7 Endersby, S. 152 f.

8 Taylor, S. 61.

9 Endersby, S. 212.

10 Ballard, James Graham: »Prima Belladonna«, in: *You Books*. https://www.you-books.com/book/J-G-Ballard/Prima-Belladonna. Letzter Aufruf: 19.01.2022.

11 Ballard, James Graham: »Prima Belladonna«, in: *You Books*. https://www.you-books.com/book/J-G-Ballard/Prima-Belladonna. Letzter Aufruf: 19.01.2022.

12 Ballard, James Graham: »Prima Belladonna«, in: *You Books*. https://www.you-books.com/book/J-G-Ballard/Prima-Belladonna. Letzter Aufruf: 12.03.2022.

13 Zit. n. Boyd, John: *The Pollinators of Eden*. London, 1978. S. 27.

14 Boyd, S. 186 f.

15 Boyd, S. 80.

16 Bishop, Katherine E.; Higgins, David; Määttä, Jerry: *Plants in Science Fiction: Speculative Vegetation*. Cardiff, 2020. S. 106.

17 Zit. n. Bernhardt, Peter; Retha Edens-Meier: *Darwin's Orchids: Then and Now*. Chicago, 2014. S. 53.

18 Endersby, S. 204.

19 Bernhardt, Edens-Meier, S. 53 f.

20 Bernhardt, Edens-Meier, S. 54.

21 Knapp, S. 129.

22 Knapp, S. 129.

23 Endersby, S. 206.

24 Endersby, S. 207.

25 Endersby, S. 207.

26 Endersby, S. 208.

Vierzehnte Station. TAUBERGIESSEN BEI FREIBURG

1 Orlean, S. 225 f.

2 Goodall, Jane: *Seeds of Hope. Wisdom and Wonder from the World of Plants*. New York, 2020. S. 125 f.

3 Sele, Sebastian: »Es geht nicht um einen kleinen Hügel, es geht um die ganze Welt«, in: *Die Wochenzeitung*, 01.04.2021.

https://www.woz.ch/2113/besetzung-in-der-waadt/es-geht-nicht-um-einen-kleinen-huegel-es-geht-um-die-ganze-welt. Letzter Aufruf: 12.03.2022.

4 Tassin, Jiyana: »On ne défend pas las nature, on est la nature qui se défend«, in: *Jeunes Vertes,* 07.12.2020. https://www.jeunesverts.ch/blog-fr/jiyana-tassin/-on-ne-defend-pas-la-nature-on-est-la-nature-qui-se-defend. Letzter Aufruf: 12.03.2022.

5 Zit. n. Frey, Jonas; Krstin, Timo; Kynd, Kira; Schuler, Maria-Theres: »›Zone à Défendre‹: Bäume, Beton, Barrikaden«, in: *Das Lamm*, 29.03.2021. https://daslamm.ch/zone-a-defendre-baeume-beton-barrikaden/. Letzter Aufruf: 12.03.2022.

6 »Polizei räumt Protestcamp von Aktivisten bei Holcim-Steinbruch im Waadtland«, in: *Neue Zürcher Zeitung,* 30.03.2021. https://www.nzz.ch/panorama/polizei-raeumt-protestcamp-von-aktivisten-bei-holcim-steinbruch-im-waadtland-ld.1609319?reduced=true. Letzter Aufruf: 12.03.2022.

7 Vowles, Neil: »New study shows climate change is wreaking havoc on delicate relationship between orchids and bees«, in: University of Sussex, 15.05.2018. https://www.sussex.ac.uk/broadcast/read/44333. Letzter Aufruf: 19.01.2022.

8 Vowles, Neil: »New study shows climate change is wreaking havoc on delicate relationship between orchids and bees«, in: University of Sussex, 15.05.2018. https://www.sussex.ac.uk/broadcast/read/44333. Letzter Aufruf: 12.03.2022.

9 Freunde von mir scherzen manchmal, das werde mit meinem Buch bestimmt auch passieren. Ich will natürlich keine Filmangebote ablehnen, aber wenn ich die Wahl hätte, würde ich mir eher ein Musical wünschen. Stellen Sie sich *Cats* vor, aber anstatt flauschiger Schwänze und Katzenohren tragen alle Schauspielenden grüne Overalls und bunte Hüte und tanzen zur Musik von Taylor Swift.

10 Orlean, Susan: »Orchid Fever«, in: *The New Yorker*, 15.01.1995. https://www.newyorker.com/magazine/1995/01/23/orchid-fever. Letzter Aufruf: 19.01.2022.

11 Orlean, Susan: »Orchid Fever«, in: *The New Yorker*, 15.01.1995. https://www.newyorker.com/magazine/1995/01/23/orchid-fever. Letzter Aufruf: 19.01.2022.

12 Orlean, Susan: »Orchid Fever«, in: *The New Yorker*, 15.01.1995. https://www.newyorker.com/magazine/1995/01/23/orchid-fever. Letzter Aufruf: 12.03.2022.

Fünfzehnte Station. LIPPSTADT

1 FAQ in: *Hark-Orchideen.de.* https://www.hark-orchideen.de/faq/. Letzter Aufruf, 12.03.2022.

2 FAQ in: *Hark-Orchideen.de.* https://www.hark-orchideen.de/hark-safety-system/. Letzter Aufruf, 12.03.2022

3 Orlean, S. 115.

4 »Das Hark-Safety-System«, in: *Hark-Orchideen.de.* https://www.hark-orchideen.de/hark-safety-system/. Letzter Aufruf, 12.03.2022.

Sechzehnte Station. UNTER DER DUSCHE

1 Wells, S. 13.

2 Ecott, S. 215.

3 Kaiser, Roman: *Vom Duft der Orchideen. Olfaktorische und chemische Untersuchungen.* Basel, 1993. S. 29 f.

4 Kaiser, S. 19.

5 Kaiser, S.24 f.

6 Goodall, S. 91.

7 Knapp, S. 6.

8 Knapp, S. 6.

Siebzehnte Station. OXFORD

1 Orlean, S. 44 f.

2 Zit. n. Bersweden, Leif: *The Orchid Hunter. A young Botanist's Search for Happiness.* London, 2017. S. 135.

3 Bersweden, S. 10.

4 Bersweden, S. 10.